수종별로 쉽게 따라하는

삽목 접목 취목

나무 번식 백과

수종별로 쉽게 따라하는
삽목 접목 취목 나무 번식 백과

초판인쇄 : 2024년 1월 26일
초판발행 : 2024년 2월 1일

지 은 이　ㅣ 오마타 요시노리
옮 긴 이　ㅣ 신은정
펴 낸 이　ㅣ 고명흠
펴 낸 곳　ㅣ 푸른행복

출판등록　ㅣ 2010년 1월 22일 제312-2010-000007호
주　　　소　ㅣ 서울시 서대문구 세검정로1길 93,
　　　　　　　벽산아파트 상가 A동 304호
전　　　화　ㅣ (02)356-8402 / FAX (02)356-8404
E-MAIL　ㅣ bhappylove@daum.net
홈페이지 ㅣ www.munyei.com

ISBN 979-11-5637-476-3 (13520)

수종별로 쉽게 따라하는

삽목 꺾꽂이 접목 접붙이기 취목 휘묻이

나무 번식 백과

오마타 요시노리 지음 | 신은정 옮김

삽목, 접목, 취목 뿐만 아니라 분주, 실생 등 다양한 번식 방법을
수종별로 구분하여 단계별 사진, 그림과 함께 상세하게 수록!

푸른행복

이 책의 구성

정원수(낙엽수) · 정원수(상록수) ·
· 과수 · 관엽식물 아이콘 표시

학명 · 영어명 · 일본명 ·
과명 · 다른 이름 표기

대표적 번식방법
요점을 발췌

벚잎꽃사과나무

학 명	*Malus x prunifolia* (Willd.) Borkh.
영어명	Crabapple
일본명	ハナカイドウ
과 명	장미과
다른 이름	서부해당화

높이 3~8m까지 자라는 낙엽교목으로 4월에 벚꽃을 닮은 연홍색 꽃이 가지마다 가득가득 여러러 핀다. 화려하게 피어 아래로 숙인 모양이 우아하다. 원산지인 중국에서는 미인을 형상화한 꽃이라고 한다. 꽃잎이 겹쳐 피는 종이나, 가지를 타고 피는 종이 있어 정원수로 인기가 있다.

관리일정	1월	2월	3월	4월	5월	6월	7월	8월	9월	10월	11월	12월
상태				꽃								
전정		전정			전정							전정
번식			접목				취목					
비료		시비										
병해충							방제					

130

**"칼로 가지 둘레를 3~4군데 깎아 취목한다. 환상박피는 나무를 상하게 하기 쉽다.
사과나무의 동종을 접목의 대목으로 한다."**

취목은 수목의 생육기에 해당하는 4~8월에 한다. 가지 수가 많고 생육이 좋은 부분을 선별하여, 2~3년 된 충실한 가지로 취목한다. 위치를 정하면 가지 둘레를 칼로 3~4군데 깎아낸다. 비닐포트에 칼집을 넣고 가지를 씌우듯이 감아 스테이플러로 고정한다. 끈으로 가지에 고정하고 적옥토를 넣은 다음 충분히 물을 준다. 순조롭게 뿌리를 내리면 이듬해 발아하기 전, 모수로부터 분리하여 옮겨 심는다.

접목은 2~3월이 적기이다. 접수는 지난해 자란 가지에서 생육이 좋은 굵은 가지를 골라 하는데, 순이 2~3개 달리도록 자른 다음 절단면을 정리하고 물에 담가둔다. 대목은 실생 2년 된, 뿌리가 깊게 뻗은 사과나무의 동종을 선택한다. 접목할 부분을 비스듬히 자르고 절단면에 칼집을 넣어 접수를 고정한다. 접목한 후, 건조하지 않도록 비닐을 씌운다. 대목에서도 순이 나기 쉬우므로 잘 관찰하며 수시로 순따기를 하여 접수의 순을 키운다.

취목
취꽂이
★ ★ ★

1 취목할 위치 정하기
취목할 위치를 정한다. 참 또는 칼로 가지 둘레 3~4군데의 걸껍질을 깎아낸다.

2 걸껍질 깎아내기
가지의 걸껍질을 반쯤 모양으로 깎는다. 환상박피와 같이 가지의 걸껍질을 둥글게 깎으면 시들 우려가 있는 개체는 반쯤만기를 하는 것이 좋다.

벚잎꽃사과나무 131

나무의 생태 및 특징을
자세하게 설명

각각의 번식방법을
자세하고 일목요연하게 설명

개화기 및 결실기,
전정 · 번식 · 비료 · 병해충 방제 시기를
한눈에 알 수 있는 월별일정표 수록

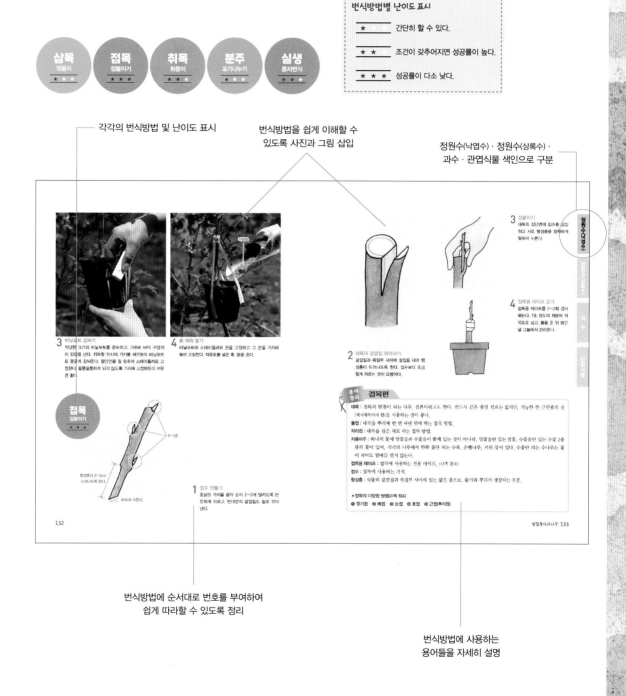

번식방법별 난이도 표시

★ 　 간단히 할 수 있다.

★ ★ 　 조건이 갖추어지면 성공률이 높다.

★ ★ ★ 　 성공률이 다소 낮다.

삽목 꺾꽂이 ★★★
접목 접붙이기 ★★★
취목 휘묻이 ★★★
분주 포기나누기 ★★★
실생 종자번식 ★★★

각각의 번식방법 및 난이도 표시

번식방법을 쉽게 이해할 수 있도록 사진과 그림 삽입

정원수(낙엽수) · 정원수(상록수) · 과수 · 관엽식물 색인으로 구분

번식방법에 순서대로 번호를 부여하여 쉽게 따라할 수 있도록 정리

번식방법에 사용하는 용어들을 자세히 설명

이 책의 구성 • 4

Part 1. 기본작업과 요령

Part 2. 정원수(낙엽수)

Part 3. 정원수(상록수)

Part 4. 과수

Part 5. 관엽식물

일러
두기

1. 이 책은 수종별로 가나다순에 따라 배열하였으며, 번식방법을 단계별로 사진, 그림과 함께 상세하게 설명하였다.

2. 수종별 번식방법의 난이도 상(3개), 중(2개), 하(1개)는 붉은색 별의 개수로 표시하였다. 본문 47쪽에서도 설명하였다.

3. 학명은 국가생물종지식정보시스템(http://www.nature.go.kr)을 참고하였다.

4. 이 책의 내용은 원서를 기준으로 하였으나 일부 내용은 국내의 현실에 맞도록 수정하였다.

Part 1

기본작업과 요령

다양한 번식방법

식물은 저지대와 고지대에 따라 바뀌고 계절에 따라 달라진다. 그것은 환경에 적응하면서 자손을 남기려는 식물의 본능이다. 이러한 성질을 이용하여 다양한 번식방법으로 식물의 품종 개량이 이루어지고 있다.

식물의 번식방법은 크게 종자번식과 영양번식으로 구분할 수 있다.

1 종자번식(유성번식, 실생)

종자를 뿌려 모종을 키우는 방법으로, 작업이 간단하며 한 번에 대량 증식시킬 수 있다는 장점이 있다. 단, 품종을 개량하지 않은 원종은 모식물의 형질과 다른 것이 나올 경우가 많다. 특히 품종 개량으로 만들어진 원예종은 종자가 맺히더라도 변이를 일으켜, 무늬가 사라지는 등 모식물의 형질과 달라지는 경우가 대부분이다.

종자에서 자라난 묘목은 접목할 때 대목으로 사용되기도 한다. 직접 종자를 뿌려 키우는 방법 외에도 원예점에서 실생묘목을 구입하는 방법도 있다.

실생에 적합한 수목 금작화, 낙엽관목, 때죽나무, 목련, 낙엽교목, 철쭉, 미국산딸나무, 은행나무, 백량금, 무궁화, 산딸나무 등

❷ 영양번식

삽목(挿木, 꺾꽂이), 접목(接木, 접붙이기), 취목(取木, 휘묻이), 분주(分株, 포기나누기)와 같이 줄기나 가지 등 식물체의 일부(영양체)를 이용하여 번식시키는 방법을 영양번식이라고 한다.

한 번에 대량 증식시키기 어려운 단점을 가지고 있지만, 모식물과 동일한 유전적 특성을 지니는 개체를 짧은 기간 동안 간단하게 번식시킬 수 있는 장점이 있다. 꽃이 피거나 열매를 맺기까지 시간이 필요한 개체도,

삽목이나 접목을 통해 비교적 간단히 번식시킬 수 있다. 튤립이나 백합 등과 같은 구근식물도 영양번식을 한다. 꽃이 지고 난 후 알뿌리가 커지고 개수가 증가하면 분주하여 번식시킨다.

삽목(挿木, 꺾꽂이)

삽목은 식물의 재생 능력을 이용하여 인위적으로 증식시키는 번식방법이다. 식물이 상처를 입으면 그 상처 부근에 재생 조직이 만들어지며, 여기에서 뿌리나 눈이 발생한다. 모식물에서 잘라낸 가지나 줄기(삽수) 등을 토양에 심어 뿌리를 내리게 하는 방법으로, 모식물만 있으면 얼마든지 번식시킬 수 있다. 이 번식방법의 가장 큰 장점은 모식물과 동일한 유전적 특성을 가진 묘목을 얻을 수 있다는 점이다. 또한 종자에서 발아한 실생묘목에 비해 생육과 개화가 빠르다는 장점도 있다. 접목이나 취목보다 방법이 간단하여 초보자도 쉽게 할 수 있다.

삽목으로 모든 수목을 번식시킬 수 있는 것은 아니다. 뿌리가 잘 내리지 않는 식물은 발근제를 사용하면 삽목 성공률이 높아진다. 한편 펌프로 물을 뿜어주는 분무 장치가 시판되고 있어, 계절과 관계없이 삽목이 가능하다.

삽목에 적합한 수목 상록수, 수국, 금작화, 마취목, 협죽도, 단계목, 구과식물(침엽수), 월계수, 산다화, 치자나무, 철쭉, 드라세나, 개나리, 블루베리 등

접목(接木, 접붙이기)

대목으로 쓸, 뿌리가 있는 모식물에 동속 수목의 가지나 순 등을 접합하는 번식방법으로, 대목과 접수의 형성층을 맞대어 캘러스(callus, 유합조직)를 형성시킨다.

접목의 가장 큰 장점은 모식물과 완전히 동일한 형질이 정확히 유전된다는 것이다. 삽목이나 취목이 어려운 수목이나 과수 등에 널리 이용되고 있다. 삽목처럼 한 번에 대량 증식시킬 수는 없지만, 접목에 사용하는 접지(접가지)가 하나 있으면 거기서 몇 개의 접수를 얻을 수 있어, 대목의 수만큼 접목할 수 있다. 또한 산단풍이나 매실나무처럼 큰 나무에는 곳곳에 다른 종류의 나무를 접목할 수도 있다. 대목으로는 실생번식이나 삽목으로 키운 동일한 종의 묘목 또는 근연종의 충실한 수목을 고르는 것이 포인트이다. 접목으로만 번식할 수 있는 수목이 있는 한편, 가지나 토마토 등의 채소 모종도 접목이 가능하다.

접목에 적합한 수목 미국산딸나무, 단풍나무, 매실나무, 벚나무, 사과나무, 감나무, 밤나무, 목련류, 복사나무, 비파나무 등

취목(取木, 휘묻이)

모식물의 줄기나 가지 일부에 상처를 낸 다음, 그곳에서 뿌리가 나면 떼어내 묘목을 번식시키는 방법이다. 한 번에 대량 증식시킬 수는 없지만, 번식 작업 후 바로 꽃이나 열매를 즐길 수 있는 장점이 있다. 모식물에서 마음에 드는 부분을 취목하여 분재로 만드는 경우도 많다.

줄기나 가지 일부의 겉껍질을 깎아내고 축축한 물이끼를 둘러 뿌리를 내리게 하는 방법(발근)이 일반적이지만, 뿌리에서 포기가 뻗어 나와 여러 갈래의 가지로 자란 수목은 성토법(묻어떼기)이나 곡취법(압조법)이 적당하다.

밑부분의 잎이 시든 식물을 취목으로 되살릴 수도 있다. 고무나무나 상록수 등과 같은 관엽식물은 생육이 왕성하여 가지를 크게 선별하지 않아도 비교적 쉽게 취목할 수 있다.

취목에 적합한 수목 등나무, 상록수, 월계수, 목련과의 상록교목, 은행나무, 벤자민고무나무, 고무나무 등

분주(分株, 포기나누기)

뿌리에서 포기로 난 줄기가 크게 자라면, 포기를 나누어 번식시키는 방법이다. 실생번식이나 삽목처럼 한 번에 대량 증식시킬 수는 없지만, 영양번식 가운데 가장 손쉬우며 짧은 시간에 묘목을 번식시킬 수 있다. 도사물나무나 치넨세로로페탈룸, 협죽도 등과 같이 뿌리에서 많은 줄기가 뻗어 나오는 수목이라면, 대부분 분주가 가능하다.

뿌리가 길게 뻗은 2~3개의 눈을 하나의 포기로 하여 나누면 좋다. 분주는 묘목 수를 늘릴 뿐만 아니라, 지나치게 커진 수목을 정리하여 오래된 수목에 생기를 줄 수 있다.

분주에 적합한 수목 치넨세로로페탈룸, 도사물나무, 고광나무, 협죽도, 마취목 등

준비할 도구

삽목, 접목 및 취목에는 약간의 지식과 기술이 필요하지만 크게 어려운 것은 아니다. 기본적인 방법과 요령만 익힌다면 원하는 정원수와 화목을 직접 번식시킬 수 있을 것이다.
우선, 준비할 도구를 알아보자.

1 삽목에 필요한 도구

전정가위(가지치기 가위) 또는 전지가위로 자르고, 날이 비스듬하고 뾰족한 칼로 가지 끝을 정리한다. 넓은 화분이나 가든팬에 중간 정도 크기의 녹소토나 적옥토 알갱이를 넣고, 그 위에 동일한 종류의 작은 입자를 채워 삽수를 꽂는다. 그 후 물뿌리개로 물을 준다.

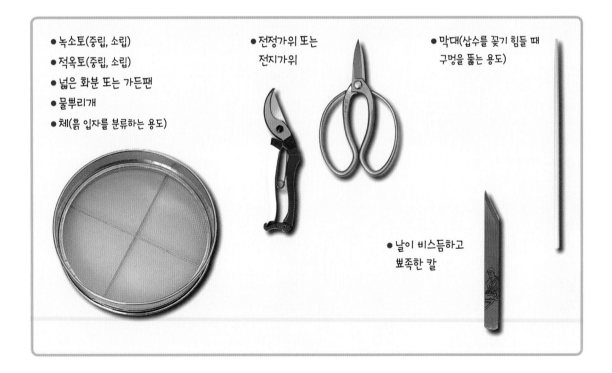

- 녹소토(중립, 소립)
- 적옥토(중립, 소립)
- 넓은 화분 또는 가든팬
- 물뿌리개
- 체(흙 입자를 분류하는 용도)
- 전정가위 또는 전지가위
- 막대(삽수를 꽂기 힘들 때 구멍을 뚫는 용도)
- 날이 비스듬하고 뾰족한 칼

❷ 접목에 필요한 도구

대목과 접수를 전정가위나 전지가위로 잘라, 날이 비스듬하고 뾰족한 칼로 끝을 정리한다. 접합된 부분은 접목용 테이프로 움직이지 않도록 감아 묶고 구멍이 뚫린 비닐을 씌운 다음 라피아(raphia) 끈으로 비닐 입구를 막는다.

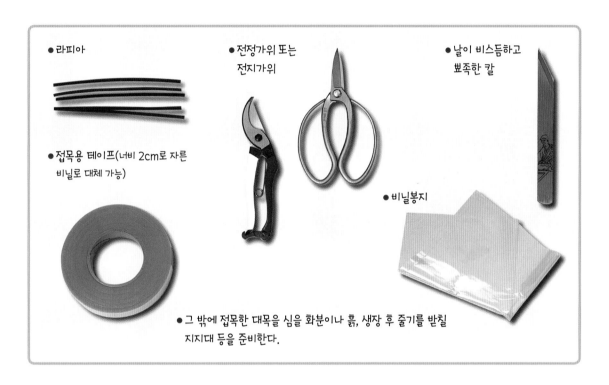

●라피아

●전정가위 또는 전지가위

●날이 비스듬하고 뾰족한 칼

●접목용 테이프(너비 2cm로 자른 비닐로 대체 가능)

●비닐봉지

●그 밖에 접목한 대목을 심을 화분이나 흙, 생장 후 줄기를 받칠 지지대 등을 준비한다.

Check Point

접목용 테이프

접목에 사용되는 전용 비닐테이프는 흔히 원예점 등에서 판매되고 있다.

테이프의 한 면을 당겨 강하게 감으면 테이프가 늘어나면서 접수도 함께 당겨져, 형성층이 어긋나기 쉽다. 접수의 등(겉껍질을 깎아내지 않은 쪽)에 테이프를 두르고 양끝을 동시에 당겨, 본래대로 돌아오지 않도록 한쪽을 누르면서 다른 쪽을 감는 것이 요령이다.

③ 취목에 필요한 도구

취목 부분을 창칼로 처리하고 비닐포트를 두른 다음 스테이플러로 고정하여 적옥토를 담는다. 안정하게 끈으로 고정하거나 물이끼를 두르고 비닐봉지를 씌워 끈으로 고정한다. 뿌리가 나면 전정가위로 잘라 분리한다.

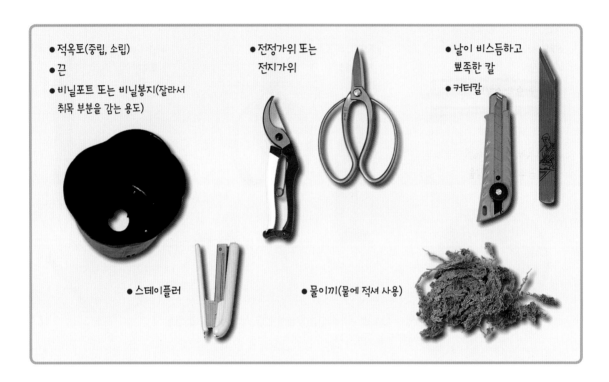

- 적옥토(중립, 소립)
- 끈
- 비닐포트 또는 비닐봉지(잘라서 취목 부분을 감는 용도)
- 전정가위 또는 전지가위
- 날이 비스듬하고 뾰족한 칼
- 커터칼
- 스테이플러
- 물이끼(물에 적셔 사용)

Check Point

접목용 칼

용도에 따라 다양한 접목용구를 쓴다.

일반적으로 창칼이라 불리는 칼을 사용하는 것이 좋은데, 커터칼은 자르기가 나쁘고 날이 얇아 힘의 정도에 따라 절단면이 고르지 않게 된다.

수목 외에 끈이나 비닐류를 자를 때에는 커터칼을 사용하고, 수목 전용 창칼을 쓸 때는 날이 상하지 않도록 관리하는 것이 중요하다. 절단면의 마무리에 따라 번식 결과가 크게 좌우되기 때문이다.

🍂 4 실생번식에 필요한 도구

넓은 원예용 화분 또는 가든팬에 흙을 담고 종자를 뿌린 후, 체를 사용하여 복토한다. 저면급수하여 물을 깊이 스며들게 한다. 반나절 동안 그늘에 두고 물을 주며 건조하지 않도록 관리한다.

- 넓은 원예용 화분 또는 가든팬
- 체
- 물뿌리개
- 적옥토(중립, 소립)
- 질석(vermiculite)
- 파종 전용 바닥
- 엽서 같은 두꺼운 종이
- 저면급수용 용기(물을 붓는 용도)

공통된 작업 요령

이 책에서는 삽목, 접목, 취목을 중심으로 실생, 분주 등의 번식방법을 소개하고 있다.
여기에 용토의 사용법, 각각의 작업에 사용하는 도구 및 숫돌의 종류와 사용법, 바르게 잡는 법, 공통된
많은 작업의 요령을 정리하였다.

1 흙의 종류와 선택법

삽목 등에 사용하는 흙으로 녹소토와 적옥토가 있다. 둘 다 화산재인데, 고열 처리되어 무균, 무비료의 특징이 있으므로 삽목에 가장 적합하다. 입자의 크기에 따라 대립, 중립, 소립이 있으며, 경질과 연질로 구분된다. 삽목용으로는 경질의 흙이 좋은데, 연질은 물이나 서리를 맞으면 가루가 되어버리거나 시간이 지날수록 부스러져 좋지 않다.

바닥에는 녹소토나 적옥토를 사용하지만, 배수성을 높이려면 화분 바닥이 보이지 않을 정도로 중립을 깔아준 다음 그 위에 소립을 채운다. 시판되는 흙은 연질이 많고, 배송 과정에서 서로 마찰되어 부스러지는 경우가 많으므로, 사용하기 전에 체로 쳐서 미세한 가루를 없앤다. 또한 삽목 후 물을 줄 때는 화분 바닥에서 흘러나오는 물이 깨끗해질 때까지 물을 준다. 이렇게 하면 미세한 가루가 대부분 흘러나간다. 만약 가루가 바닥에 남아 있으면 물을 줄 때마다 흙이 막혀 배수가 좋지 않다.

녹소토(경질)　　　　　　적옥토(소립)　　　　　　적옥토(중립)

알갱이 모양의 흙이 좋은 까닭은, 물이 흙 입자와 입자 사이를 흘러내려 화분 구멍으로 나갈 때 위에서 산소를 머금기 때문이다. 배수가 좋아지면 흙 입자 하나하나가 식물에 필요한 수분과 양분을 머금는다(이것을 단입구조라 한다). 이와 반대(단위구조라 한다)가 콘크리트이다. 돌과 돌 사이를 모래로 메우고, 시멘트로 고정해 강도를 유지한다.

화분에 심을 때는 용토의 미세한 가루를 흘려보내 배수를 좋게 만드는 것이 중요하다.

🌿 2 화분 흙 만드는 법

삽수(挿穗, 꺾꽂이순)를 심을 상토로는 녹소토나 적옥토가 적합하다. 잡균이나 비료분이 함유되지 않은 깨끗한 용토를 선택하여 한 번 체로 쳐서 미세한 가루를 없앤 다음에 사용한다. 용기는 6호 정도의 넓은 화분이나 육묘상자, 발포스티로폼 상자 등에 구멍을 뚫어 사용한다.

2 배수성을 높이기 위해 화분 바닥에 중립의 녹소토를 2~3cm 넣는다.

1 화분 바닥에는 공벌레 등의 침입을 막기 위해 반드시 방충망을 깐다.

3 그 위에 소립의 녹소토를 채워 넣고, 평편하게 고른다. 적옥토를 사용할 경우도 동일하다.

3 가지를 자르는 방법

삽수의 길이를 정돈할 때는 아래와 같은 요령으로 한다. 굵은 가지를 자를 경우에는 가지를 칼날 안쪽에 대고 칼날 바깥쪽까지 눌러 밀듯이 한 번에 반듯하게 자른다.

1 삽수를 칼날 안쪽에 대고 오른손으로 옆으로(사진의 화살표 방향) 밀듯이 하면 절단면이 반듯하게 잘린다.

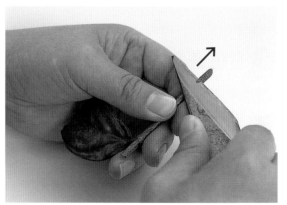

2 삽수를 뒤집어 반대면을 자른다. 칼을 자기 앞으로(사진의 화살표 방향) 밀듯이 겉껍질을 깎는다.

4 칼날 손질법

○ 숫돌의 종류

줄눈이 거친 순으로 황목숫돌, 중목숫돌, 세목숫돌 등으로 구분한다.

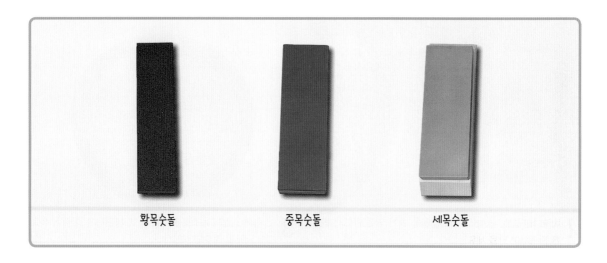

황목숫돌   중목숫돌   세목숫돌

○ 숫돌에 가는 방법

날붙이는 겉면과 안쪽 면을 번갈아 갈아준다. 겉을 갈면 안쪽으로 날이 넘어가고, 안쪽을 갈면 겉으로 날이 넘어간다. 철사를 좌우로 여러 번 구부리면 끊어지는 것처럼, 날붙이를 여러 번 갈아 날을 세운다. 접목용 칼은 면도칼처럼 털이 잘릴 정도로 날카롭게 갈아야 한다. 날을 제대로 세우지 않은 칼로 자르면 절단면이 고르지 않거나 상하기 쉬우므로, 잘 갈아놓은 칼을 사용한다. 날이 심하게 깨진 경우에는 먼저 황목숫돌에 갈고, 그 다음 중목숫돌, 세목숫돌 순으로 갈아준다. 이가 조금 상한 정도라면 중목숫돌에 간 다음 세목숫돌로 다듬고, 조금 무뎌진 경우에는 세돌숫돌만 사용하여 갈아도 괜찮다.

1 손가락을 날 위에 고정하고, 힘을 많이 주지 않도록 주의하며 앞쪽으로 밀어준다.

2 바깥쪽을 갈았다면 안쪽도 반드시 동일하게 갈아준다. 이렇게 반복하여 날을 세워준다.

Check Point

숫돌 다듬기

숫돌을 오래 또는 많이 사용하면 가운데가 닳아 움푹 꺼진다. 이렇게 되면 칼날이 잘 갈리지 않으므로 블록 같은 평편한 것을 맞대고 문질러 숫돌 면을 고르게 한다.

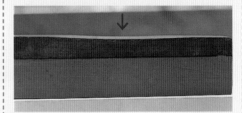

닳은 쪽을 평편한 것에 맞대어 꽉 누르고 앞뒤로 움직여 파인 부분을 다듬는다.

숫돌을 쥔 손이 쓸리지 않도록 주의한다. 사진은 중목숫돌을 갈고 있는 모습이다.

칼 보관법

날붙이는 신문지로 감싸 보관하는 것이 좋다. 인쇄잉크가 칼날에 녹이 스는 것을 방지하고, 종이가 습기를 흡수한다.

삽목의 기본작업

통틀어 삽목이라 하지만, 다양한 삽목 방법이 있다.
이 책에서는 초심자도 비교적 간단하게 할 수 있으며, 실패하지 않는 방법을 소개한다.

1 삽목의 종류

● **천아(天芽)삽** : 수목의 줄기 끝가지를 이용하는 방법으로, 알차고 단단하여 활착이 쉬운 것이 특징
 이다.
● **줄기삽** : 충실한 가지를 잘라 이용하는 방법으로, 하나
 의 줄기에서 여러 개의 순을 얻을 수 있다.
● **밀폐삽** : 잎이나 줄기의 증산작용을 억제하기 위해,
 비닐봉지를 씌워 발근을 촉진하는 방법이다.
● **경단삽** : 적토를 깔고 경단 모양으로 만들어 삽수를 꽂
 은 다음, 그늘진 지면에 10~15cm 깊이로 구멍을 파서
 나란히 세운 후 흙을 뿌리고 반나절 동안 둔다. 삽수의 절
 단면이 마르기 쉬운 수목에 이용한다.
● **노지(露地)삽** : 삽수를 지면에 직접 심는 방법으로, 서향 등
 은 9월경에 심으면 좋다.

❷ 삽목의 시기

봄삽목, 장마삽목, 여름삽목 등으로 나누는 경우가 많지만, 이 책에서는 2~3월에 하는 봄삽목과 6~8월에 하는 여름삽목으로 구분하였다. 장마삽목은 여름삽목과 구별이 뚜렷하지 않아, 초여름부터 가장 더운 한여름까지의 시기를 여름삽목으로 나누었다.

봄삽목은 새싹이 자라기 전에 하기 때문에 지난해에 자란 충실한 가지를 사용한다. 여름삽목은 그해 여름에 움튼 새싹이 여물어가는 생육기에 하는 것이다. 낙엽수는 주로 봄삽목을 하고, 상록수는 봄삽목과 여름삽목이 모두 가능하다.

○ 삽수 만들기(봄삽목)

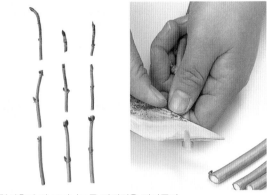 

형성층이 잘 드러나도록 겉껍질을 깎아준다.　　　　　물을 충분히 흡수한 삽수를 마른 땅에 심고 물을 준다.

○ 삽수 만들기(여름삽목)

절단면은 반듯하게 정돈한다.　　　　　만든 삽수는 곧바로 물에 담가둔다.

❸ 삽수를 고르는 방법

수목을 손질하면서 가지치기를 한 가지를 삽수로 이용할 수 있다. 가지치기는 각각 가지 끝을 둥글게 자르는 것으로, 수관선(전정하고자 하는 수목의 형태)에서 밖으로 삐져나간 가지는 모두 불필요하므로 쳐내는데, 바로 이 가지를 삽수로 사용하는 것이다.

삽수로 가장 좋은 것은 수목의 윗부분에서 남쪽으로

홍가시나무 삽수의 부적절한 예. 구부려도 부러지지 않는다.

뻗어 태양빛을 잘 받으며 자란 것이다. 음지의 가지는 적합하지 않다. 또한 강하게 구부려도 부러지지 않을 정도로 유연한 가지는 삽수로 사용할 수 없다. 구부렸을 때 부러지는 정도의 강도가 삽수의 기준이다. 끝눈이나 곁눈이 있는 것으로 병충해를 입지 않은 것을 선택한다.

❹ 삽수를 만드는 요령

잘 드는 칼을 이용하여 처음에 45도 각도로 한 번에 반듯하게 자른다. 그 다음, 반대면의 겉껍질을 깎아내어 형성층을 가능한 많이 드러낸다. 이것이 요령이다. 자르는 방법은 22쪽의 〈가지를 자르는 방법〉을 참조한다. 절단면이 들쭉날쭉하지 않고 반듯하게 잘리는 것이 가장 중요하다.

자른 삽수는 곧바로 물에 담가 1~2시간 충분히 물을 흡수하도록 한다.

❺ 아래쪽 잎을 따는 방법

동백나무 등의 잎은 손으로 훑어내면 쉽게 떨어지지만, 서향이나 구과식물류는 줄기의 껍질이 함께 벗겨진다. 이런 경우, 손으로 가지 끝 방향으로 당기듯이 잎을 떼어내거나 가위나 칼로 자른다.

○ 훑어 따기

겨울철에 꽃이 피는 동백나무. 사진 속의 오른손이 가지 끝으로 훑어내면 쉽게 잎이 떨어진다.

잎이 달린 기부도 상하지 않으므로 대부분의 상록수는 이와 같은 방법으로 잎을 따면 편리하다.

○ 당겨 따기, 자르기

침엽수는 잎 하나하나를 가지 끝으로 당겨 떼어내거나 가위로 자른다.

편백나무 등 침엽수의 밑부분 잎을 훑어 따내면 줄기의 껍질이 벗겨진다.

🍃 6 상토

용토로는 녹소토, 적옥토가 적합하다. 무균, 무비료로 뿌리가 쉽게 내리기 때문이다. 배수가 잘되도록 넓은 화분의 바닥에 중립 녹소토를 깔고, 그 위에 소립 녹소토를 채워 넣어 평편하게 고른다. 두 종류 모두 체에 쳐서 미세한 가루를 제거한 후 사용한다. 통기성이 좋은 화분이나 유약을 발라 구운 도기분 또는 삽목상자에 꽂는 것이 일반적이다.

○ 젖은 흙에 꽂기

흙이 촉촉하게 젖도록 물을 준 다음, 흙이 단단해지면 막대로 구멍을 내어 삽수를 꽂는다. 구멍 속에서 삽수와 흙이 밀착되도록 손으로 순의 밑동을 눌러준다.

○ 마른 흙에 꽂기

마른 흙에 삽수를 꽂은 다음 물뿌리개로 물을 주어 흙과 삽수가 잘 밀착되도록 한다. 삽수가 마르지 않도록 삽목한 후 곧바로 물을 준다.

젖은 흙에 꽂기

마른 흙에 꽂기

7 삽목 후 관리방법

삽수를 꽂은 후 물을 충분히 준다. 삽목을 한 화분 바닥 아래에서 흘러나오는 물은 처음에 미세한 가루가 섞여 있어 노란색을 띠지만, 계속해서 물을 주면 점점 맑아진다. 맑은 물이 흘러나올 때까지 물을 주고, 용토의 미세한 가루를 씻어내는 것이 좋다. 그러지 않으면 가루가 화분 바닥에 깔려 있어 배수가 나빠진다.

그 후 발아할 때까지 직사광선을 피하고, 부분 차광하며 관리한다. 습도를 유지하고, 증산작용을 가능한 한 억제하는 것이 포인트이다. 생산업자는 자동 분무 장치로 관리할 수 있지만, 일반 가정에서는 삽목한 수목 위에 차광망 등을 치고 용토가 마르지 않을 정도로 물을 주면 좋다. 관리 중에 물을 너무 자주 주면, 발근 부분이 썩을 염려가 있으므로 주의한다. 상록수는 가끔 잎에 물을 뿌려주면 좋다. 발근할 때까지는 비료를 줄 필요가 없다.

발근하면 빛을 쬐는 시간을 점차 늘린다. 밀폐삽은 새잎이 나면 봉지를 차츰 열어준다.

8 발근

곧바로 뿌리를 내리는 것도 있지만, 대부분 반년에서 1년 정도 그대로 두었다가 화분갈이를 한다. 녹소토는 보수력이 높고, 뿌리가 뻗어나가기 쉬운 것이 특징이다. 하얀 뿌리가 나오기 시작하면 조금 건조한 상태로 두며, 화분갈이를 할 때까지 좀 더 길게 뻗어나가도록 하는 것이 요령이다. 반면, 적옥토는 배수가 좋고, 검은빛을 띤 충실한 뿌리가 나오기 쉽다. 화분갈이를 할 때 용토(대부분은 적옥토와 부엽토를 섞은 것)에 가까워 뿌리가 융합하기 쉬우므로 옮겨 심기가 어렵지 않다.

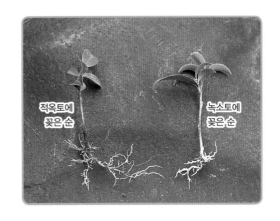

적옥토에 꽂은 순

녹소토에 꽂은 순

9 화분갈이

뿌리가 내린 후의 화분갈이는 대부분 이듬해 2~3월 새싹이 나기 전이 적기이다. 화분갈이를 하고 뿌리가 나오면 비료를 준다. 완효성 비료인 IB화성 등을 포기 주변에 두거나, 월 1~2회를 기준으로 액상비료를 준다. 홍가시나무 등 뿌리가 작은 것은 뿌리를 자르지 않도록 주의해야 한다. 옮겨 심을 때는 뿌리를 펼쳐서 심는다.

Check Point

많은 종류를 한 번에 꽂기

공간이 없는 경우에는 가든팬에 많은 종류를 꽂는 것도 좋다. 대량으로 꽂을 경우, 최소 손가락 2개 정도는 간격을 두고 꽂는다. 그렇게 하면, 육묘상자에 상당한 수를 꽂을 수 있다. 삽수는 깊이 꽂으면 줄기의 증산을 막기 때문에 가능한 한 반 정도 깊이로 똑바로 꽂는다. 상토가 얇은 경우, 흙에 밀착하는 부분이 많도록 삽수를 비스듬하게 꽂아도 좋다.

최소 손가락 2개 정도의 간격을 띄운다.

3개월 후에는 이렇게 된다. 큰 잎이 달린 것부터 화분갈이를 한다.

5 접목의 기본작업

접목의 성공 여부는 대목과 접수의 선별에 달려 있다.
대목의 뿌리가 길게 뻗어 있는가, 접수가 충실한 가지에 달려 있는가에 따라 활착의 호불호가 크게 좌우되기 때문이다.

① 접목이란

접붙이는 방법에 따라 깎기접, 배접, 눈접(budding), 호접(기접), 근접(뿌리접) 등이 있다. 또한, 대목 취급에 따라 자리접과 들접으로 크게 나뉜다.

대목은 '공대'라고 하며, 가능한 한 수목(穗木)에 가까운 종류의 나무를 사용하는 것이 포인트이다. 예를 들면, 복사나무와 매실나무는 동속이라 활착을 잘하지만, 원연교배라 굵기가 굵어질 때 접목한 부분이 분리되어 떨어지는 경우가 있다. 매실나무와

매실나무의 깎기접 부분. 종류가 다른 것들을 접목하거나 가지 모양을 다듬을 수 있다.

접목할 경우, 매실나무의 실생묘나 야생 삽목묘를 대목으로, 복사나무 실생묘를 수목으로 선택한다. 또한, 실생으로 대목을 기른 경우에는 접목할 때까지 한 번 곧은뿌리(직근)를 잘라 잔뿌리를 내릴 수 있도록 옮겨 심어두면 좋다.

분재 등 수목 그 자체를 감상하고자 할 경우, 대목은 가능한 한 낮은 위치에서 자른다. 감상을 목적으로 하지 않는다면 수목의 굵기에 따라 자르는데, 똑바로 자라서 접목하기 쉬운 위치를 골라 자른다.

접목의 기본은 대목의 형성층과 접수의 형성층의 밀착이다. 칼이 잘 드는 정도에 따라 활착 여부가 결정된다. 잘 들지 않는 칼로 접수나 대목을 자르면, 절단면이 반듯하지 않아 형성층이 상하거나 절단면이 휘어져버리는 경우도 있다.

또한, 접목용 테이프를 감는 방법에도 요령이 있다. 테이프의 한쪽을 당겨 강하게 감으면, 테이프가 늘어나는 동시에 접수도 당겨져서 형성층이 어긋나기 쉽다. 따라서 접수의 등쪽(겉껍질을 깎아내지 않은 쪽)부터 테이프를 감아 양쪽을 동시에 당겨서, 본래대로 돌아가지 않도록 한쪽을 누르고 다른 쪽을 감아 묶는 것이 좋다. 테이프는 2~3회 감으면 충분하다.

작업 후에는 건조하지 않도록 공기구멍을 뚫어 둔 비닐을 씌워 발근을 촉진한다.

대목을 자른 각을 아래로 내리면 형성층을 알아보기 쉬워진다. 그 형성층을 덧그리듯이 베어내면, 녹색의 형성층이 전면에 보인다. 깊이는 접수의 절단면보다 5mm 정도 짧은 것이 좋다.

🍃 2 접목의 종류

○ 깎기접

대목을 자르고 겉껍질과 목질부 사이를 칼로 깎아 접수를 꽂아 넣은 다음에 형성층을 맞추어 고정하는 방법이다.

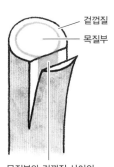

겉껍질
목질부

목질부와 겉껍질 사이의
얇은 부분이 형성층

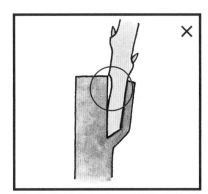

접수의 형성층을 5~6mm 길이로 하면, 이같은 간격이 생기지 않는다.

○ **짜개접**(cleft grafting)

대목의 중앙을 나누듯이 잘라 접수를 꽂고 형성층을 맞추어 고정한다.

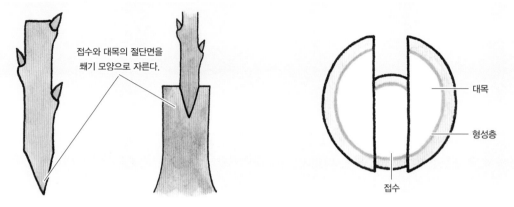

접수와 대목의 절단면을 쐐기 모양으로 자른다.

대목

형성층

접수

대목과 접수의 형성층을 확실하게 맞추는 것이 요령이다.

○ **배접**

대목의 겉껍질을 깎은 부분에 접수를 삽입하고, 양쪽의 형성층을 맞추어 고정한다.

깎기접과 달리 대목의 겉껍질을 얇게 깎아 내듯이 순을 만들기 때문에 대목의 부담이 적다. 실패하더라도 대목을 다시 사용할 수 있다.

○ 눈접(budding)

충실하고 단단한 순을 대목에 접붙이는 방법이다. 대목의 겉껍질을 벌린 부분에 접붙일 순을 삽입하고, 형성층을 맞추어 고정한다.

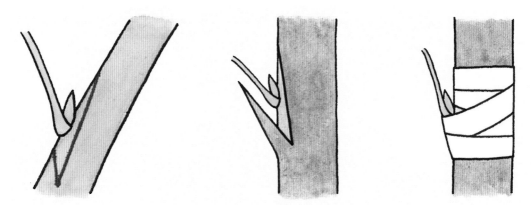

칼로 하나의 순을 깎아내어 하나의 접수로 사용하며, 대목의 절상 부분에 삽입하여 고정한다.

○ 호접

대목도 접수도 뿌리가 달린 채로 하는 접목 방법이다. 대목과 접수 양쪽의 가지를 깎아내어, 형성층을 맞추고 고정한다.

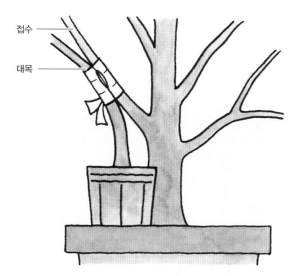

접수

대목

대목과 접수로 사용할 가지의 겉껍질을 깎아내어, 형성층끼리 맞추고 접목용 테이프로 고정하는 방법이다. 형성층을 확실히 맞추어준다.

○ 근접

대목으로 사용할 묘목을 구할 수 없을 때 이용하는 방법이다. 길게 뻗은 뿌리를 골라 겉껍질과 목질부 사이를 칼로 깎아내고 접수를 삽입한 다음 형성층을 맞추어 고정한다.

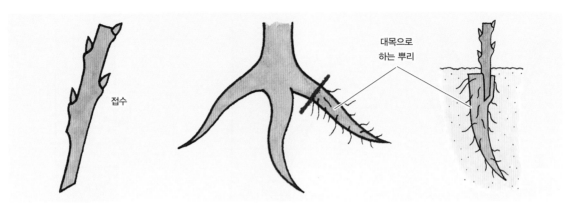

파낸 뿌리를 대목으로 하여 깎기접을 한 것. 뿌리의 겉껍질과 목질부 사이를 깎아낸 다음 접수를 꽂아 고정하고, 다시 묻는다.

③ 자리접과 들접

대목 취급에 따라 접목을 다음의 두 가지로 나눌 수 있다.

○ 자리접

대목을 심은 채로 하는 방법이다. 단풍나무, 감나무 등은 자리접이 활착률이 좋다. 단풍나무나 매실나무(가지가 축 늘어지는 종)는 지지대를 세워서 한다. 대목과 접수의 순을 따주며 관리한다. 대목이 화분에 심어진 것도 자리접이라고 한다.

미국산딸나무의 여름접목. 한 마디씩 접수를 만든다.

여기서는 배접 방식을 사용하였기 때문에 대목의 겉껍질을 깎아낸다.

형성층을 확실하게 맞추고 접목용 테이프로 고정한다.

이렇게 배접이 완성되었다. 이듬해 봄에 대목을 자른다.

○ 들접

대목을 파내어 접붙이는 방법이다. 활착 후 기세 좋은 묘목을 만들기 위해서도, 접목하기 전에 대목 뿌리를 건강하게 키운다. 뿌리가 좋으면 대목에도 힘이 있어 활착률이 높아진다. 접목을 한 후에는 땅이나 화분에 심고 물을 충분히 준다. 대목이 뿌리를 내리면 비료를 뿌려준다. 대목과 접수에서 새 싹이 나면, 기세 좋은 접수의 순 하나만 남기고 순을 따준다.

단풍나무, 미국산딸나무 등을 여름에 접목할 경우에는 그해 2~3월에 대목을 화분갈이 해두는 것이 좋다.

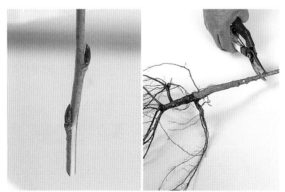

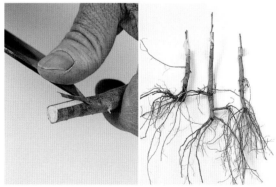

벚나무의 접목. 접수와 뿌리째 파낸 대목을 준비한다.

대목과 접수의 형성층을 잘 맞추고 테이프로 고정하여 접목을 완성한다.

화분에 심고 비닐봉지를 씌운다.　　　　　　　　대목의 순을 떼어내어 영양을 촉진한다.

4 접목의 포인트

○ 형성층 확실하게 맞추기

다음 사진은 단풍나무의 형성층이 잘 보인다. 오른쪽 사진에서 솟아오른 부분이 왼쪽 사진의 어떤 색을 띤 부분인지 보라. 그 색을 띤 부분이 형성층이다.

○ 접수의 잎자루 남겨두기

단풍나무를 접목할 경우, 접수를 만들 때는 잎을 따내고 잎자루는 남겨두는 것이 요령이다. 접목 작업 후, 잎자루 아래에 있는 새싹이 커지면서 얼마 지나지 않아 잎자루가 떨어진다. 이것이 활착의 기준이다.

5 접목 후의 관리방법

한동안 부분 차광하며 물을 주고 활착하면 비닐봉지를 벗긴다. 접수와 대목에서 새싹이 나면 대목의 순은 모두 따내고, 접수의 순은 하나만 남기고 따준다. 단풍나무 등은 새싹이 약해 강풍에 모처럼 활착한 부분이 부러질 우려가 있으므로 지지대를 세워두면 좋다.

단풍나무가 활착한 모습. 많은 순이 뻗어 나와 자라고 있다.

귤나무의 활착. 가지가 가는 것은 가지가 뻗어 나가면 지지대를 세워주는 것이 좋다.

활착하기 쉬운 은행나무는 많은 순이 나오지만, 대목의 순은 모두 따내고 접수의 순도 원기 좋은 것 하나만 남겨 영양을 집중시킨다.

Check Point

고지접이란

　　일부 활착하지 않고 대목의 가지가 남아 있는 나무를 이른다. 오른쪽 사진은 소귀나무과를 대목으로 하여 높은 위치에 수양단풍의 가지를 몇 군데 배접한 것이다. 일부가 활착하지 않고 대목(소귀나무과) 가지가 남았지만, 접목을 반복하면서 최종적으로는 수양단풍으로 고쳐 만든다.

6 취목의 기본작업

분재를 하는 사람에게 친숙한 방법으로, 아래쪽의 잎이 시들거나 비대해진 나무 등을 되살리거나 생기를 주고자 할 때 편리한 방법이다.
실패할 확률도 비교적 적으니, 가는 가지부터 도전해보자!

1 취목이란

삽목이 가능한 수목이라면 대부분 취목할 수 있다. 취목의 장점은 취목한 후에 바로 꽃이나 열매를 감상할 수 있는 개체를 만들 수 있는 점이다. 뿌리가 잘 뻗어나가는 나무를 취하여, 가지 모양이 아름다운 감상용 분재를 신속하게 만들 수 있다.
또한, 삽목 등으로는 뿌리를 내리기 힘든 수목도 취목으로 번식시킬 수 있다. 단, 대량 증식시킬 수 없는 것이 단점이다.

환상박피. 겉껍질을 깎아내면 색이 다른 목질부가 보인다. 여기까지 겉껍질을 깎아내는 것이 중요하다. 폭이 너무 좁으면 위아래가 붙어버릴 수 있어, 나무의 굵기에 따라 다소 차이가 있지만 2cm 정도의 폭이 적당하다.

2 취목의 종류

취목에는 환상박피, 설상박피, 반월깎기 등의 방법이 있다. 또한, 한 포기에서 여러 갈래로 자란 수목을 취목으로 할 경우에는 그 외에도 성토법(근취법), 곡취법(압조법) 등이 있다.
식물은 뿌리에서 흡수한 수분을 도관(식물의 목질부 내에 있는 물관)을 통해 위쪽으로 운반한다. 잎에서는 이산화탄소를 흡수하고 산소를 방출하는 탄소동화작용을 하여, 영양분이 형성층을 따라 잎이나 뿌리로 퍼져 생장한다. 그 흐름을 차단하면, 차단된 부분을 고치려고 조직이 발달하여 부정근(不定根)이라고 부르는 뿌리가 나온다.

○ 환상박피

폭 2~3cm 정도로 겉껍질을 깎아내고, 물에 적셔둔 물이끼 등으로 절단면을 감싸 발근을 촉진하는 방법이다. 폭이 좁으면 위아래 조직이 발달하기 힘들어 발근하지 않는 경우도 있으므로 주의한다.

○ 설상박피

수목에 환상박피와 같은 상처를 내지 않는 방법으로 설상박피가 있다. 가지 둘레 겉껍질을 쐐기 모양으로 경사지게 잘라내어 물에 적셔둔 물이끼를 절단면에 삽입하고 물이끼로 전체를 감싸 발근을 촉진하는 방법이다.

Check Point

수액에 주의

고무나무과 등 겉껍질을 깎아내면 수액이 흘러나오는 종류가 있으므로, 피부가 약한 사람은 반드시 장갑을 끼고 작업한다.

○ 반월깎기

취목할 가지의 겉껍질 3~4군데를 반달 모양으로 깎아 물이끼로 감싸고, 비닐을 씌워 발근을 촉진하는 방법이다. 환상박피를 하면 상부가 마르는 경우도 있어, 일부만 깎아내는 이 방법이 안전하다.

수목에 크게 상처를 내지 않아 부담이 적은 방법이기도 하다. 물이끼로 감싸고 비닐을 두른다.

○ 성토법

뿌리 쪽에 가까운, 충분히 자란 두꺼운 줄기 부분을 골라 겉껍질을 2~3cm 깎아내고(환상박피), 철사를 강하게 두른 후 다시 묻어 성토하여 뿌리를 내리게 하는 방법이다.

월계수의 환상박피. 여기서 흙을 쌓듯이 묻어 발근을 촉진한다. 발근 후 분주한다.

○ 곡취법(압조법)

압조법이라고도 하며, 취목으로 움돋이(나무의 뿌리 쪽이나 잘라낸 포기에서 새순이 돋아 나오는 것 또는 새로 돋아 나온 싹) 등이 적합하다. 가지를 휘어, 취목으로 삼은 부분의 겉껍질을 깎아내거나 철사로 강하게 감은 후 흙에 묻어둔다. 나뭇가지 등을 이용하여 구멍 안에 가지를 고정한다. 1년 후에는 뿌리가 내리므로 취목한 부분의 아래를 잘라 옮겨 심는다.

움돋이 등을 이용하여 새로운 하나의 포기를 만들 수 있는 방법이다. 한 포기에서 여러 갈래로 줄기가 뻗어 나오는 종류를 사용하는 것이 좋다. 오른쪽 사진과 같이 고정한 후 흙으로 덮는다.

❸ 물이끼와 적옥토

환상박피, 설상박피, 반월깎기로 취목할 경우, 물이끼나 적옥토를 이용한다.

○ 물이끼

장점 잘 마르지 않는다.

단점 화분갈이 시 시간이 걸린다.

물이끼는 잘 마르지 않는다는 장점이 있으나, 화분갈이를 할 때 뿌리에 휘감겨 있는 물이끼를 떼어내야 한다. 물이끼를 제거한 후 적옥토 등에 심는데, 뿌리와 뿌리 사이에 공간이 있으므로 막대 등으로 찔러 흙을 채워 넣어서 뿌리와 흙이 밀착하도록 하는 것이 중요하다. 물이끼는 비닐봉지를 씌워두는데, 투명한 것보다 검은 비닐이 뿌리를 내리기 좋다. 뿌리는 빛과 반대 방향으로 자라는 성질이 있기 때문이다. 단, 온도가 너무 높으면 실패할 수도 있다. 가끔 수분을

비닐을 씌우고 밀착되도록 끈으로 고정한다.

보충해주며 건조하지 않도록 주의한다.

○ 적옥토

장점 화분갈이 시 시간이 걸리지 않는다.

단점 건조해지기 쉽다.

적옥토를 사용할 경우, 잘라둔 비닐포트를
가지에 고정해야 하기 때문에 위로 뻗은 가
지 등 고정하기 쉬운 장소에 사용하는 것이
적합하다. 물이끼보다 쉽게 마르기 때문에
수시로 물을 주고 건조해지지 않도록 주의
한다. 단, 취목 후에는 흙을 제거하는 수고
가 들지 않으며, 그대로 화분갈이를 할 수
있다.

수직으로 자란 가지는 비닐포트로 감싸고 적옥토를 채워 넣는다.

④ 취목 후의 관리방법

적옥토나 물이끼가 건조하지 않도록 물을
준다. 비닐로 물이끼를 감싼 것은 위쪽의
끈을 느슨하게 하여 물을 주는 것이 좋다.
또한, 모식물에는 비료를 충분히 주어 취
목 부분의 생육을 촉진한다.
취목은 작업 후 바로 꽃이나 열매를 감상할
목적으로 하는 경우가 많아 비교적 굵은 줄
기나 가지를 사용한다. 그러나 가지가 굵
을수록 뿌리와 잎의 균형이 좋지 않으므로
잎의 증산작용을 억제하기 위해 줄기를 솎
아내듯이 가지치기를 해주는 것이 좋다.
또 부분 차광으로 관리하면서 뿌리가 내리
면 점차 볕에 두는 시간을 늘린다.

작업 후에 충분히 물을 주고 그 후에도 흙이 마르면 물을 자주 준
다. 포트에서 뿌리가 나올 정도가 되면 포트 바로 아래에서 자르고
포트에서 분리하여 그대로 화분갈이를 한다.

🍃 5 화분갈이

적옥토 등을 사용하여 취목을 하는 경우, 윗가지와 균형을 이룬 뿌리가 나오면 잘라내어 바로 화분갈이를 한다. 위쪽의 가지는 솎아내는 것이 좋다. 물이끼를 사용한 경우에는 핀셋 등으로 물이끼를 조심스럽게 떼어낸 후 옮겨 심는다. 새싹이 나오기 전인 2~3월이 적기이다.

힘 있게 뻗어 나온 뿌리가 포트에서 빼져 나올 때 화분갈이를 한다.

적옥토라면 큰 수고 없이 그 상태로 화분갈이를 할 수 있다.

아래쪽의 잎을 보기 좋게 솎아내는데, 이는 증산량을 억제하는 효과도 있다.

7 실생의 기본작업

실생은 식물을 번식시키는 가장 자연스러운 방법이며, 한 번에 대량 증식시킬 수 있다.
종자를 잘 발아시키는 요령은 적당한 온도, 수분, 산소를 확보하는 것이다.
품종 개량된 원예종을 실생으로 번식하면 본래 형질로 되돌아갈 확률이 높으므로 주의한다.

① 실생으로 번식

실생은 수목에 한정되지 않고 식물이 번식하는 가장 자연스럽고 간단한 방법이다. 실생으로 번식시킬 때 가장 좋은 점은 동일한 형질의 개체를 한 번에 증식시킬 수 있는 것이다. 또한 처음부터 같은 환경에서 자라기 때문에 급격한 변화로 묘목이 상할 우려 없이 잘 적응하며 생장할 수 있다. 접목의 대목묘를 구할 때도 편리하다. 단, 원예종은 품종 개량으로 형질이 만들어진 것이므로 종자가 발아해도 모식물과 동일한 유전자를 지닌 개체가 반드시 나오는 것은 아니라는 점에 주의해야 한다.

실생에 사용할 종자는 완숙하기 직전에 채취하는 편이 발아율이 좋은 것도 있다. 완숙해 버리면 겉껍질이 단단해져 수분을 흡수하기 어려워지기 때문이다. 과육이 있는 것은 채집한 그대로 비닐봉지 등에 넣어 마르지 않도록 하고, 종자를 뿌리기 적당한 시기까지 보존한다. 과육에는 발아억제물질이 포함되어 있으므로 종자를 뿌릴 때는 열매를 뭉개고 물로 잘 씻어 과육을 분리한 후 심는다.

보존한 종자는 이듬해 3월경에 심는다.

꽃산딸나무 열매

꽃산딸나무 열매의 과육을 제거하고 종자를 채취한 것

목련의 열매와 종자

무궁화의 열매와 종자

노각나무의 열매와 종자

산딸나무의 열매와 종자

② 종자의 보존방법

간토[關東] 이북 지방에서는 겨울철에 기온이 5℃ 이하로 떨어지기 때문에 실외에 두면 자연히 저온처리가 되어 발아한다. 그 외 지역에서는 냉장고에 넣어 5℃ 이하로 보관하여 인공 저온처리를 해준다.

낙엽 철쭉과 마취목, 철쭉과의 낙엽관목은 열매가 익어서 벌어지기 전에 종자를 채취하여, 그대로 종이봉투 등에 넣고 냉장고에서 보관한다. 파종은 이듬해 3~4월에 한다. 종자가 참깨 알갱이보다 작아, 파종 전용 바닥에 흩뿌린다. 호광성을 띠는 종자는 위에 흙을 뿌리지 않아도 된다.

철쭉의 종자는 보존하였다가 이듬해 봄에 뿌린다. 파종 전용 바닥을 물에 담가 불려 둔다.

엽서 같은 두꺼운 종이 위에 종자를 올려놓고 손가락으로 가볍게 두드리며 균일하고 얇게 뿌린다.

③ 종자 뿌린 후 관리

저면급수하고, 물이 잘 스며들 수 있도록 관리한다. 따뜻한 날에는 부분 차광하며 종자가 건조하지 않도록 주의한다. 위에 신문지나 유리 등을 덮어두면 좋다. 발아 후 묘목이 무성하게 자라면 솎아준다.

감 등의 과일을 먹고 나서 종자를 심어보자. 체를 이용하여 복토하고, 물을 주면서 건조해지지 않도록 관리한다.

🍃4 화분갈이의 시기와 작업

1년 후 3~4월, 새싹이 움트기 전에 화분갈이를 한다. 가는뿌리를 내려 생육을 촉진할 수 있도록 길게 뻗은 곧은뿌리 끝을 조금 자른 후 화분에 옮겨 심는다.

아주 작은 철쭉 종자에서 작은 순이 움튼다. 상태가 나쁜 것은 솎아내면서 본잎이 나기를 기다린다.

큰 감의 종자에서 큰 순이 나온다. 잎이 무성해지면 솎아내고 일찍이 화분갈이를 한다.

그 밖의 번식방법

여러 번식방법 가운데 가장 간단하며 실패할 가능성이 적은 것은 분주이다.
실생은 수목을 감상하기까지 긴 시간이 걸리지만, 분주는 곧바로 감상할 수 있어 편리하다.
그 밖에도 교배할 때 작업을 할 수 있는 다양한 번식방법이 있다.

1 분주

포기에서 가지가 뻗어나가 여러 갈래로 자라나는 수목이라면 대부분 분주를 할 수 있다. 화분에 심은 수목은 생육함에 따라 화분 안을 뿌리로 빽빽하게 채우는 경우가 있다. 이때 배수가 나빠져 포기 전체가 약해진다면, 조금 큰 화분으로 옮겨 심거나 더 크게 하고 싶지 않을 때는 분주하여 새로운 용토에 옮겨 심는 것이 좋다. 분주는 묘목을 번식시킬 뿐만 아니라, 노화한 포기에 생기를 불어넣는 역할도 한다.

- **시기** : 상록수는 새싹이 움트기 전 3~4월 중순경, 낙엽수는 낙엽기인 12월경부터 새싹이 움트기 전인 3월경이 분주 시기의 기준이다.
- **작은 포기의 분주** : 포기 전체를 파내어 흙을 잘 털어낸 다음 튼튼한 가지와 포기에서 뻗어 나온 굵은 뿌리를 확인하고, 2~3순을 하나의 포기로 기준하여 분주한다. 손으로 나누기 곤란한 경우에는 가위 등을 사용한다. 너무 작게 나누면 생육이 늦어질 수 있다. 뿌리 상태가 좋지 않은 경우에는 윗가지의 잎을 조금 잘라내어 증산작용을 억제한다.
- **큰 포기의 분주** : 포기가 큰 경우에는 분주를 할 부분의 주위만 파낸다. 파낸 포기의 흙을 털어내고 굵은 뿌리가 뻗어나가는 것을 확인하여 가위나 톱으로 모포기에서 잘라 분리한다. 모포기는 그대로 다시 묻고, 분주한 개체는 모포기와 동일한 환경을 골라 심는다. 구멍을 크게 파내어 부엽토 등을 섞은 후 심는다.
- **관리방법** : 분주한 후 충분히 물을 주고 부분 차광하여 관리한다. 포기가 자리 잡을 때까지 비료는 주지 않는 것이 좋다.

② 메리클론 묘목

서양란은 실생으로 키울 수 있지만, 최근에는 메리클론 묘 재배가 활발히 이루어지고 있다. 메리클론이란 교배할 포기를 2종류 준비하여 인공수분으로 종자가 결실하게 하고, 채집한 종자를 무균 상태에서 키우는 방법이다.

③ 자연분구

튤립이나 수선화 같은 구근식물은 자연스럽게 자구(子球)가 생긴다. 꽃이 지고 시들기 전에 구근을 키운다. 지상부가 시들면 흙에서 구근을 파내어 분구하여 번식시킨다.

④ 러너

딸기 등과 같이 포기에서 러너[走枝根, 기는줄기]를 뻗어가며 증식하는 것도 있다. 모식물에서 자주(子株)를 떼어내 옮겨 심는 방법으로 번식시킨다.

> **Check Point**
>
> **채소를 접목묘로 하는 이유**
>
> 채소는 보통 실생으로 번식한다. 접목도 하지만, 이것은 번식할 목적보다는 선충이나 연작 등으로 인한 피해를 줄일 목적으로 하는 것이다. 유채과 채소는 같은 밭에서 동일한 작물을 연속하여 재배하면 생육이 악화되고 수확이 줄어드는 '기지병'이 발생할 가능성이 높아져 접목묘가 이용된다. 또한, 열매가 잘 열리는 가지나 토마토 등 품종 개량된 대부분의 채소도 접목묘를 이용한 것이다. 이 경우, 대목으로 하는 묘목과 접수가 되는 묘목은 실생에서 자란 것으로 병충해에 강한 종류의 대목을 잘라 새싹을 틔운다.

작업캘린더

이 책에서는 78종의 수목에 대한 일반적이며 실패가 적고 효율적인 번식방법을 소개한다. 적절한 시기에 올바른 방법으로 작업하는 것이 성공적인 수목 번식의 첫걸음이 될 것이다.

삽목　접목　취목　실생　분주

페이지	수종	1월	2월	3월	4월	5월	6월	7월	8월	9월	10월	11월	12월
284	감나무		■	■									
54	개나리		■	■			■	■	■				
57	공조팝나무	■	■										■
198	금목서				■	■	■	■	■				
202	꽃댕강나무		■	■			■	■	■				
61	꽃산딸나무		■	■			■	■			■	■	
206	꽝꽝나무						■	■	■				
210	나한백						■	■	■				
70	낙상홍		■	■									
214	남천			■			■	■	■				
74	납매		■										
78	노각나무										■	■	
80	단풍나무		■	■				■	■				
90	단풍철쭉		■	■									
346	대만고무나무				■	■	■	■	■				
94	도사물나무	■	■				■	■					■
218	동백나무		■	■									
98	등		■	■									
102	때죽나무		■	■								■	
288	뜰보리수		■	■									
106	라일락		■	■									
110	레드커런트		■	■									
224	마취목		■	■			■	■					
228	만병초		■	■									
292	매실나무		■	■									
114	명자나무		■	■	■	■	■	■	■				
118	목련		■	■									
122	무궁화		■	■			■	■					
298	무화과나무		■	■									
302	밀감		■	■									
306	밤나무		■	■									
310	배나무		■	■									
126	배롱나무		■	■									
232	백량금										■	■	
130	벚나무	■	■	■									
134	벚잎꽃사과나무				■	■							
350	벤자민고무나무				■	■	■	■					
314	복사나무				■	■	■	■	■	■			
354	부겐빌레아				■	■	■	■	■				

○ 표 보는 방법

삽목, 접목, 취목, 실생, 분주에 대해, 각각의 작업 시기를 색으로 나누어 나타내었다. 무조건 이 시기에 해야 한다는 것이 아니라, 좀 더 실패가 적고 활착률과 발아율이 높은 시기를 기준으로 한 것이다. 기본적으로 수목의 새싹이 움트기 전에 작업을 마치고, 생장이 활발해질 무렵 순이나 뿌리가 나오도록 한다.

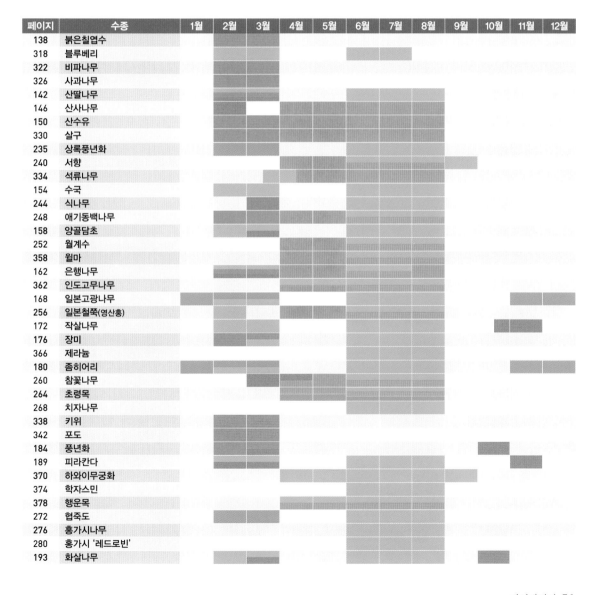

페이지	수종	1월	2월	3월	4월	5월	6월	7월	8월	9월	10월	11월	12월
138	붉은칠엽수												
318	블루베리												
322	비파나무												
326	사과나무												
142	산딸나무												
146	산사나무												
150	산수유												
330	살구												
235	상록풍년화												
240	서향												
334	석류나무												
154	수국												
244	식나무												
248	애기동백나무												
158	양골담초												
252	월계수												
358	월마												
162	은행나무												
362	인도고무나무												
168	일본고광나무												
256	일본철쭉(영산홍)												
172	작살나무												
176	장미												
366	제라늄												
180	좀히어리												
260	참꽃나무												
264	초령목												
268	치자나무												
338	키위												
342	포도												
184	풍년화												
189	피라칸다												
370	하와이무궁화												
374	학자스민												
378	행운목												
272	협죽도												
276	홍가시나무												
280	홍가시 '레드로빈'												
193	화살나무												

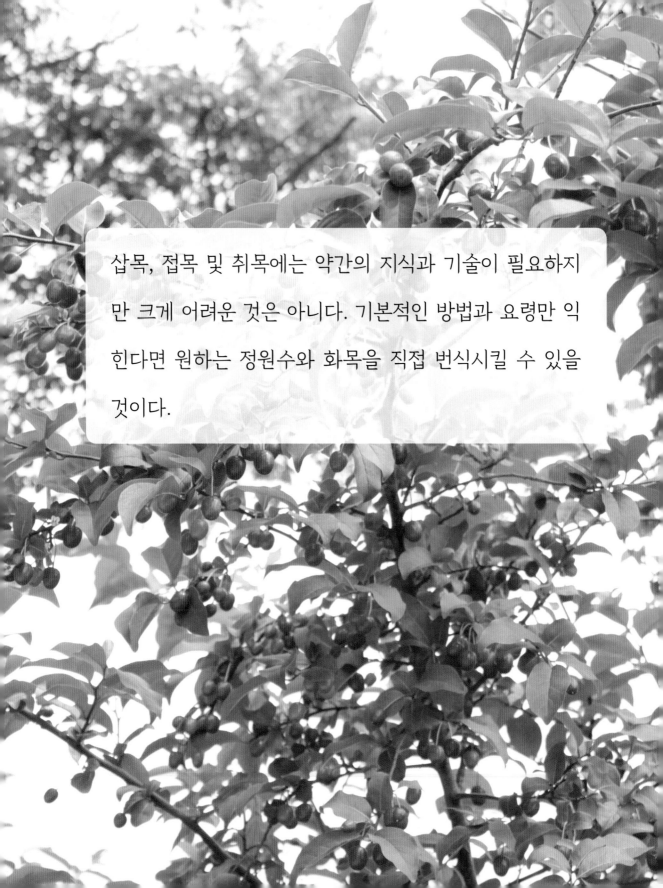

삽목, 접목 및 취목에는 약간의 지식과 기술이 필요하지만 크게 어려운 것은 아니다. 기본적인 방법과 요령만 익힌다면 원하는 정원수와 화목을 직접 번식시킬 수 있을 것이다.

Part 2
정원수(낙엽수)

개나리

학 명	*Forsythia koreana* (Rehder) Nakai
영어명	Gaenari, Korean Forsythia
일본명	レンギョウ
과 명	물푸레나무과
다른 이름	개나리나무, 신리화, 게가비, 게나리

높이 2~3m까지 자라는 낙엽관목으로 정원이나 공원은 물론, 가로수 등으로 많이 심는다. 3~4월에 선명한 노란색 꽃이 잎보다 먼저 피는데, 줄기를 따라 무수히 달려 포기를 노랗게 물들인다. 만개하면 멀리서도 볼거리를 제공한다. 나무의 자라는 기운이 강하며, 여러 갈래로 가지를 뻗어나가 큰 포기로 자란다.

관리일정	1월	2월	3월	4월	5월	6월	7월	8월	9월	10월	11월	12월
상태			꽃									
전정		전정										전정
번식			삽목				삽목					
비료		시비										
병해충				방제								

"충분히 물을 주어 발근을 촉진하는 것이 포인트"

2~3월과 6~8월이 삽목의 적기이다. 이 시기에 하면 활착률이 좋다. 2~3월에 할 경우는 지난해 자란 가지를 사용하고, 6~8월에 할 경우는 그해 자란 기세 좋은 가지를 삽수로 고른다. 여러 갈래로 뻗어나가며 자라기 때문에 분주도 가능하다. 낙엽기가 적기이다. 포기를 파내어 흙을 잘 털어내고, 뿌리가 난 것을 확인한 뒤에 적당한 크기로 나눈다. 모아 심으면 훌륭한 볼거리를 제공한다. 포기 끝을 손질하여 길이를 맞추어주면 좋다.

삽목
꺾꽂이
★ ★ ★

1 가지 자르기
햇볕이 잘 드는 곳에서 자란 충실한 가지를 8~10cm 길이로 자른다.

2 삽수 자르기
잘 드는 칼을 이용하여 절단면을 45도 각도로 비스듬하게 반듯이 자른다.

3 형성층 드러내기
❷의 반대면 겉껍질을 깎아내어 형성층이 드러나도록 한다.

4 삽수의 완성
삽수의 길이를 맞추어 자르고 절단면을 정돈한다.

30분~1시간

5 물주기
물을 담은 용기에 삽수를 30분~1시간 동안 담가 물을 흡수
하게 한다.

적옥토

6 삽수 꽂기
화분에 적옥토를 넣고 표면을 평편하게 고른 뒤 삽수를 꽂
는다.

7 삽목의 완성
삽수를 균일하게 꽂은 것. 물을 충분히 주고, 그늘에서 관리
한다.

8 발근
반년 후에는 사진과 같이 뿌리가 자란다. 녹소토에 심은 것
은 뿌리가 하얗게 된다.

공조팝나무

학 명	*Spiraea cantoniensis* Lour.
영어명	Reeves Spiraea
일본명	コデマリ
과 명	장미과
다른 이름	깨잎조팝나무, 석봉자

중국 원산으로 높이 1~2m까지 자라는 낙엽관목이며, 지면에서 가지가 뻗어 갈라지며 자란다. 줄기는 가늘고 아래로 늘어지며, 4~5월에 다섯 잎으로 된 작고 흰 꽃이 공 모양으로 모여 핀다. 전면에 핀 꽃들이 장관을 이룬다. 비슷한 꽃으로 불두화가 있지만, 꽃이 다소 크다.

관리일정	1월	2월	3월	4월	5월	6월	7월	8월	9월	10월	11월	12월
상태				꽃								
전정	전정					전정						전정
번식	분주	삽목·분주					삽목					분주
비료		시비										
병해충	방제					방제						

"하나의 가지로 많은 삽수를 만들 수 있다. 포기가 크게 자라면 분주한다. 3개의 순을 한 포기로 나누는 것이 기준!"

삽목은 2~3월, 6~8월이 적기이다. 삽수는 지난해 뻗어나간 가지로, 충실한 것을 골라 약 10cm 길이로 자른다. 아래에 있는 잎눈을 따내고 절단면을 비스듬하게 잘라 형태를 정리한 후 물을 준다. 상토를 준비하고 삽수의 반 정도 깊이로 꽂는다. 뿌리가 나기 전에는 비료를 주지 않는다. 부분 차광하여 두거나, 한랭사 등으로 차광하여 직사광선을 피한다. 흙이 건조하면 물을 준다. 새싹이 자라고 뿌리가 뻗어 나와도 그대로 두었다가, 이듬해 봄에 되면 3~4월에 화분에 옮겨 심는다.

분주는 12~3월 낙엽기에 한다. 뿌리가 상하지 않도록 포기를 파내어 흙을 털어낸다. 뿌리가 뻗어 나온 부분을 확인하고 3순을 1포기가 되도록 전정가위를 사용하여 나누어준다. 상처 난 뿌리를 제거하고 화분에 옮겨 심는다. 뿌리의 상태가 좋지 않으면 가지를 가볍게 전정하여 증산작용을 억제한다. 활착할 때까지 부분 차광하여 관리한다.

삽목
꺾꽂이
★ ★ ★

8~10cm

2~3마디

1 삽목할 가지 자르기
6~8월에 하는 것이 일반적이다. 봄부터 자란 새 가지로, 마디 사이가 막힌 원기 있는 가지를 사용하는 것이 좋다.

2 삽수 고르기
2~3마디를 기준으로 하여 8~10cm 길이로 자른다. 잎과 줄기가 튼실한 가지를 사용하며, 부드러운 새싹은 피하는 것이 좋다.

4 삽수 자르기
칼로 삽수의 절단면을 45도 정도 각도로 반듯하게 자른다.

잎은 1~2장 남긴다.

아래쪽의 잎을 떼어낸다.

3 삽수 만들기
잎을 1~2장 남기고 아랫부분의 잎을 따낸다. 가지를 손으로 훑으면 잎이 쉽게 떨어진다.

5 형성층 드러내기
❹의 가지의 반대면도 겉껍질을 얇게 깎아 형성층의 면적을 크게 해준다.

6 삽수의 완성
삽수의 길이를 맞추고 절단면을 정돈한다. 길이가 제각각 다르면 관리하기 어렵다.

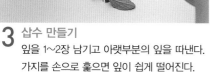

30분~1시간

7 물주기
물을 담은 용기에 삽수를 30분~1시간 정도 담가 충분히 물을 준다.

녹소토

8 삽수 꽂기
넓은 화분에 녹소토를 넣고, 삽수 길이의 1/2 정도까지 꽂는다.

적옥토 6 : 부엽토 4

분주
포기나누기
★ ★ ★

1 흙 털어내고 포기 나누기
크게 자란 포기를 파내어 흙을 잘 털어내고, 줄기나 가지에서 뿌리가 나온 것을 확인하면 적당한 부분에서 포기를 나눈다. 손으로 나누기 곤란할 때는 가위를 사용한다.

2 옮겨심기
상처 난 뿌리나 길게 자란 뿌리를 자르고, 포기보다 조금 큰 화분으로 각각 옮겨 심는다. 배수를 위해 화분 바닥에 자갈을 깔며, 적옥토와 부엽토를 6:4 비율로 섞어 용토로 사용한다.

용어정리 삽목편

발근 : 옮겨 심는 작업 후에 새롭게 뿌리를 내리는 일.

봄삽목 : 봄(2~3월), 새싹이 돋아나기 전에 하는 삽목.

삽수 : 삽목에 사용하는 충실한 가지. 길게 자른 것은 수목(穗木)이라 한다.

삽토(揷土) : 삽수를 꽂는 장소. 일반적으로 평편한 화분이나 삽목용 상자에 녹소토나 적옥토를 넣어 사용한다.

신초(새 가지) : 그해 봄에 자란 새 가지.

여름삽목 : 장마철부터 여름(6~8월), 생육이 활발해지는 시기에 하는 삽목.

전정 : 무성해진 가지나 길게 자란 가지를 자르는 일.

천아(天牙) : 가지 선단에 달린 순. 정아(頂芽)라고도 한다.

화분갈이 : 파종 전용 팬 또는 가든팬에 심거나, 땅에 심어둔 것을 화분에 옮겨 심는 일.

꽃산딸나무

학 명	*Cornus florida* L.
영어명	Big-leaf Hare's Ear, Bigleaf Thorowax
일본명	ハナミズキ
과 명	층층나무과
다른 이름	미국산딸나무

북아메리카 원산으로 높이 5~12m까지 자라는 낙엽교목이며, 4~5월에 꽃이 핀다. 꽃잎처럼 보이는 것은 포 (苞)이며, 실제 꽃은 중심부의 연녹색 부분이다. 늦여름에는 붉은 열매가, 가을에는 붉은 단풍이 볼거리를 제공 한다. 흰 꽃 외에도 붉은 꽃, 무늬 잎 등의 원예종이 많이 이용되고 있다.

관리일정	1월	2월	3월	4월	5월	6월	7월	8월	9월	10월	11월	12월
상태				꽃								
전정	전정					전정					전정	
번식			접목			삽목·접목		접목		실생		
비료		시비				시비						
병해충					방제							

"대목으로는 실생 2~3년 된 어린나무를 고른다.
접붙인 부분은 테이프로 튼튼하게 고정!"

2~3월 또는 6~8월이 접목의 적기이다. 접수는 지난해 자란 충실한 가지를 고르고 순이 2~4개 달리도록 6~8cm 길이로 자른다. 대목으로는 실생 2~3년 된 꽃산딸나무나 야생산딸나무를 고르는데, 대목에서 자란 순은 모두 따내고 접수의 순도 1개만 남기고 모두 따낸다. 삽목은 6~7월에, 실생은 10월에 채취하여 심는다. 붉은 꽃을 번식시키고 싶은 경우, 붉은 꽃이 핀 나무의 가지로 접수를 만들어 접목한다.

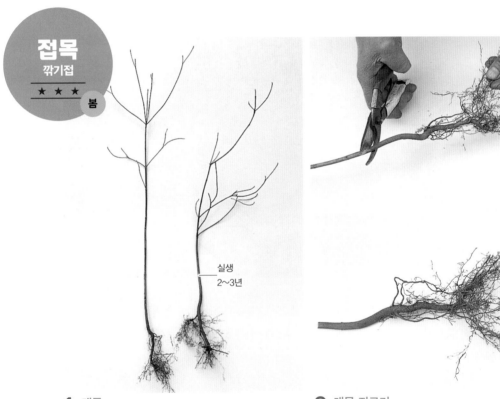

접목
깎기접
★ ★ ★
봄

실생
2~3년

1 대목
2~3월이 적기이다. 대목으로는 실생 2~3년 된 묘목으로 햇볕이 잘 드는 곳에서 자란 충실한 가지를 사용한다.

2 대목 자르기
곧게 자라서 접목하기 쉬운 부분을 전정가위로 자른다.

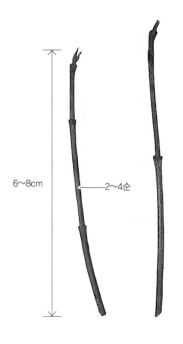

6~8cm

2~4순

4 접수의 완성

잘 드는 칼로 ❸의 겉껍질을 얇게 깎아내어 형성층이 2~3cm 드러나도록 한다. 대목의 형성층보다 5mm 정도 길게 자르는 것이 좋다.

3 접수

충실한 가지를 골라, 순이 2~4개 달리도록 자른다. 각각의 가지를 45도 각도로 반듯하게 자르고 절단면이 건조하지 않도록 주의한다.

5 대목의 형성층 드러내기

대목의 겉껍질과 목질부 사이에 2~3cm 칼집을 내어 형성층이 드러나게 한다.

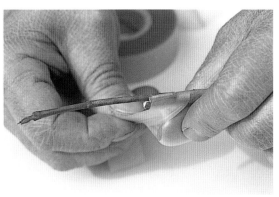

6 대목에 접수 맞추기

대목과 접수의 형성층을 정확하게 맞춘다. 절단면이 상하지 않도록 조심히 다룬다.

7 접붙이기

대목과 접수의 형성층을 맞추고, 접목용 테이프를 위에서 단단히 감아준다.

8 접목의 완성

대목의 절단면이 건조하지 않도록 주의하고, 테이프를 묶는다.

9 비닐봉지 씌우기

화분에 심고 충분히 물을 준다. 그리고 건조하지 않도록 구멍을 뚫은 비닐봉지를 씌워둔다. 새싹이 자랄 때까지 그 상태로 관리한다.

10 발아

대목과 접수 모두 새싹이 자란다. 동그라미 안은 대목의 순이다.

1개만 남긴다.

11 순따기

비닐봉지를 제거한다. 대목의 순을 모두 따내고, 접수의 순도 하나만 남겨 생장을 촉진한다.

12 순 키우기
기세 좋은 순 하나만 남기고 순따기를 하여 잘 생장하도록 한다.

13 활착
⑫의 시점에 모두 활착하지만 순이 좀 더 뻗어간다. 반년이 지나면 잎이 우거진다.

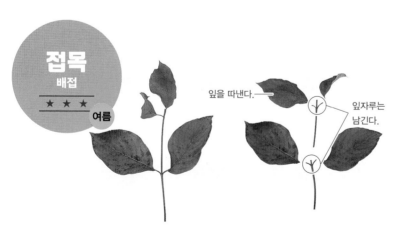

접목
배접
★ ★ ★
여름

잎을 따낸다.

잎자루는
남긴다.

1 접수 만들기
충실한 가지를 사용하여 순이 2개 달리도록 접수를 만든다. 잎은 따내지만 잎자루는 남겨둔다.

2 접수의 절단면

잘 드는 칼을 이용하여 45도 각도로 비스듬히 반듯하게 자른다. 가지를 누른 채 칼날 쪽으로 밀듯이 하면 잘 잘린다.

3 형성층 드러내기

❷의 반대면 겉껍질을 잘 드는 칼로 깎아내어 형성층이 드러나도록 한다. 잘 들지 않는 칼을 사용하면 형성층이 상할 수도 있다.

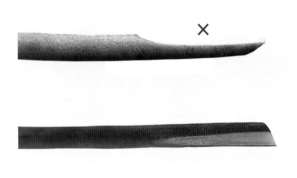

4 형성층을 드러내는 좋은 예와 나쁜 예

위쪽의 접수는 칼이 활 모양으로 들어가서 대목과 밀착시키기 어렵다. 배접의 경우에는 특히 접수의 절단면을 반듯하게 해야 한다.

5 대목의 형성층

겉껍질을 얇게 깎은 부분에서 형성층의 형태를 분명히 알 수 있다. 이 부분에 접수의 형성층을 잘 맞추는 것이 중요하다.

6 접붙이기

대목과 접수의 형성층을 정확하게 맞춘다.

7 접목용 테이프 감기

형성층끼리 움직이지 않도록 접목용 테이프를 튼튼히 감아준다.

8 활착

머지않아, ❶에서 남겨둔 접수의 잎자루가 갈색으로 변한다. 이 잎자루가 시들어 떨어지는 것이 활착의 기준이 된다. 배접은 대목을 자르지 않기 때문에 활착하지 않으면 몇 번이나 수정하여 접목할 수 있다. 즉, 실패하여도 다시 대목을 사용할 수 있는 것이다. 활착을 확인하면 대목을 자른다.

9 접목의 완성

접수의 잎자루가 자연스럽게 시들면서 접목이 활착한다. 활착하더라도 작기 때문에 취급에 주의하여야 한다. 대목은 이듬해 봄에 자른다.

녹소토

1 가지 자르기
삽수가 될 가지의 절단면. 삽수는 8~10cm 길이로
자르고 칼로 45도 각도로 비스듬히 반듯하게 자른다.
가지의 반대면 겉껍질을 깎아내어 형성층이 드러나
도록 하고 물을 쉽게 흡수하도록 한다.

2 삽수 꽂기
1~2시간 동안 물에 담가 물을 충분히 흡수시키고 상
토에 꽂는다. 넓은 화분에 녹소토를 넣고 균일하게
꽂는다.

3 지지대 만들기
30~40cm 길이로 자른 철사를 2개 준비하고, U자형
으로 휘어 교차하듯이 철사를 꽂아 지지대를 만든다.

4 비닐봉지 씌우기
물을 준 후 화분 전체를 감싸듯이 비닐봉지를 씌우고
수분의 증발을 억제한다.

실생
종자번식
★ ★ ★

1 채종
실생으로는 대부분 백화종(흰 꽃)이 나온다.

2 종자 채취
과육을 뭉개어 그 안의 종자를 꺼낸다. 과육에는 발아를 억제하는 물질이 함유되어 있으므로 물로 잘 씻어낸다.

적옥토

3 종자 뿌리기
화분에 적옥토를 넣고 균일하게 종자를 뿌린다. 흙은 종자 두께의 2배를 기준으로 하여, 위에서 체로 쳐서 뿌린다.

Check Point

꽃산딸나무의 형성층
접목의 성패 여부는 대목과 접수의 형성층을 얼마나 잘 맞추었는가에 달려 있다. 형성층이란 겉껍질과 목질부 사이에 있는 얇은 층을 말하며, 식물이 생육함에 따라 이것이 솟아오른다.

꽃산딸나무 가지의 겉껍질을 깎아낸 것. 겉껍질과 목질부 사이에 보이는 녹색 부분이 형성층이다.

알아보기 쉽도록 그대로 두고 몇 개월 지난 모습이다. 형성층이 솟아올라 조금 부풀어 있다.

낙상홍

학 명	*Ilex serrata* Thunb.
영어명	Japanese Winterberry
일본명	ウメモドキ
과 명	감탕나무과

잎이나 가지의 모양이 매실나무와 비슷하고 높이 2~4m까지 자라는 낙엽관목이다. 열매가 큰 팥의 한 품종인 다이난콘이나, 가지 면에 열매가 맺히는 애기낙상홍, 백실낙상홍 등이 있다. 암수딴그루이며, 6월경에 연한 자줏빛의 작은 꽃이 잎겨드랑이에 모여 핀다. 10~11월부터 둥글고 붉은 열매가 익는다.

관리일정	1월	2월	3월	4월	5월	6월	7월	8월	9월	10월	11월	12월
상태	열매					꽃					열매	
전정	전정											전정
번식		접목·실생								실생		
비료		시비										
병해충						방제						

"실생은 채취 후 바로 심으면 발아율이 높아진다.
접수로는 원예종 가지를 고르면 좋다."

접목은 2~3월이 적기이다. 접수로는 지난해 자란 충실한 가지를 고른다. 붉은 열매는 암나무가 되기 때문에 접수는 암나무에서 취한다. 겉순이 3~4개 붙어 있도록 5~8cm 길이로 자르고 절단면은 반듯하게 다듬는다. 대목으로는 실생 낙상홍으로 2~3년 된 충실한 묘목을 고른다. 접붙일 부분에서 자르고 겉껍질과 목질부 사이를 깎아낸다. 접수를 삽입하고 접목용 테이프로 감아 단단하게 고정한다. 바람이나 건조로부터 보호하기 위해 비닐봉지를 씌운다. 비닐봉지는 1~2개월 후 상태를 보고 제거한다. 대목에서 새싹이 나면 모두 따내어 접수의 생육을 촉진한다. 실생번식을 할 때는 10월 중순~11월에 열매를 채취한 다음 뭉개어 껍질과 과육을 분리하고, 물로 씻어 종자를 꺼낸다. 채종한 후 바로 심거나 이듬해 2~3월에 파종한다. 암나무, 수나무가 나오는 것은 반반 정도이다. 묘목이 무성해지면 조금씩 솎아낸다. 이듬해 3월경 화분갈이를 한다.

접목
접붙이기
★ ★ ★

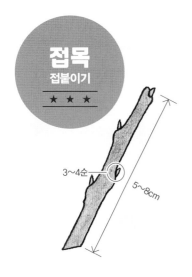

3~4순

5~8cm

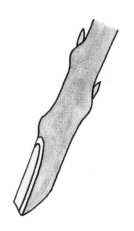

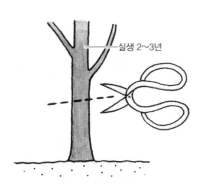

실생 2~3년

1 접수 만들기
접수로 쓸 충실한 가지를 골라 5~8cm 길이로 자른다.

2 접수의 절단면
잘 드는 칼을 이용하여 45도 각도로 반듯하게 자르고, 다시 뒤집어 형성층이 드러나도록 겉껍질을 얇게 깎아낸다.

3 대목 자르기
볕이 좋은 곳에서 자란 원기 있는 묘목을 사용한다. 줄기가 곧게 자라 접목하기 쉬운 가지를 골라 접목할 위치에서 자른다.

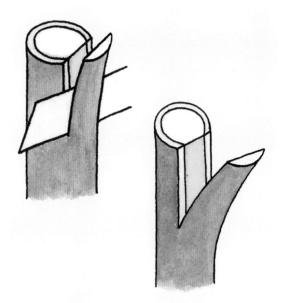

4 대목의 절단면
절단면에서 2cm 정도 칼집을 낸다. 접수의 절단면보다 조금 짧게 자르는 것이 좋다. 겉껍질과 목질부 사이에 칼집을 넣어 형성층을 드러낸다.

5 접목용 테이프 감기
대목의 절단면에 접수를 삽입하고 서로 형성층을 맞붙여, 접목용 테이프를 단단히 감아 묶어둔다.

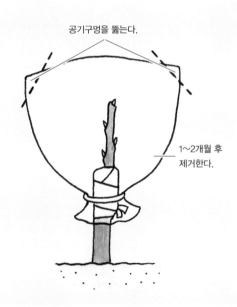

공기구멍을 뚫는다.

1~2개월 후
제거한다.

6 비닐봉지 씌우기
건조하지 않도록 구멍을 뚫은 비닐봉지를 씌우고 아랫부분을 비닐끈 등으로 묶어 고정한다.

7 순따기
낙상홍은 순따기를 하지 않고, 모든 새싹을 틔운다. 대목의 순은 따낸다.

실생
종자번식
★ ★ ★

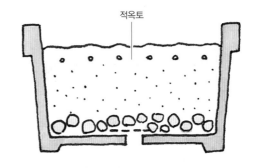

적옥토

1 채종
과육을 뭉개고 물로 잘 씻어 종자를 꺼낸다.

2 종자 뿌리기
넓은 화분에 소립의 적옥토를 넣어 평편하게 고르고, 종자를 균일하게 뿌린 후 흙을 가볍게 체로 쳐서 뿌린다. 물을 준 뒤, 밝은 날 그늘에 두고 관리한다.

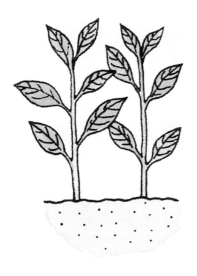

적옥토 6 : 부엽토 4

3 발아
흙이 건조하지 않도록 물을 주면 새싹이 자란다. 화분 바닥에 자갈을 깔고 적옥토와 부엽토를 6:4 비율로 섞은 것을 채워 심는다. 이것을 대목으로 하여 접목하는 것이 좋다.

납매

학 명	*Chimonanthus praecox* (L.) Link
영어명	Wintersweet, Japanese allspice
일본명	ロウバイ
과 명	받침꽃과
다른 이름	황금매화, 당매, 한객

중국 원산으로 높이 2~4m까지 자라는 낙엽관목이다. 한겨울인 1~2월에 투명한 노란 꽃이 많이 피어나며 청아한 향기가 특징이다. 이름은 꽃이 납세공과 같다는 설과, 납월(음력 12월)에 꽃이 피는 데서 유래되었다는 설이 있다.

관리일정	1월	2월	3월	4월	5월	6월	7월	8월	9월	10월	11월	12월
상태	꽃	꽃										
전정			전정							전정		
번식		접목	접목									
비료		시비										
병해충						특별히 없음						

"깎기접으로 번식하는 것이 좋고 대목이 없으면 근접도 가능하다.
접수로 마디가 막힌 가지를 사용한다."

접목의 적기는 2~3월이다. 2~3년 된 실생묘를 대목으로 사용하는 깎기접을 한다. 깎기접은 마디가 막힌 충실한 가지를 10cm 길이로 잘라 접수를 만들고 반대면도 깎아낸다. 대목에 접수를 꽂고, 접목용 테이프로 고정한다. 건조하지 않도록 화분 전체에 비닐봉지를 씌운다.

대목이 없을 때는 뿌리를 대목으로 사용하는 근접도 가능하다. 연필 굵기 정도의 뿌리를 선택하여 대목으로 삼고, 그 후에는 깎기접과 같은 요령으로 접목한다.

접목
접붙이기
★ ★ ★

실생 2~3년

1 대목
대목이 될 나무를 준비한다. 가능한 한 햇볕이 잘 드는 곳에서 자란 기세 좋은 묘목을 고른다.

2 대목 자르기
심었을 때 흙에서 10cm 정도 올라오도록 대목을 자른다. 충실한 부분을 사용한다.

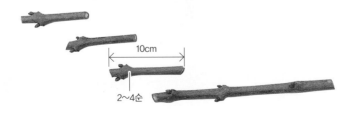

10cm

2~4순

3 접수
순이 2~4개 달린 충실한 가지로 자른다. 튼실한 선단 부위도 사용할 수 있다.

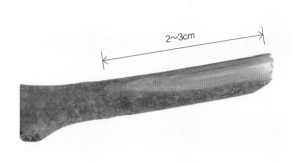

2~3cm

4 접수의 절단면
접수의 절단면 상태. 색이 변하며, 심[筋]처럼 보이는 것
이 형성층이다. 잘 드는 칼로 겉껍질을 깎아내어 형성층이
2~3cm 드러나도록 한다.

5 대목을 칼로 깎아내기
형성층의 위치가 잘 보이도록 칼을 넣어 비스듬히 자른다.

6 대목의 형성층 드러내기
겉껍질이 잘려나가지 않도록 주의하면서 2cm 정도 칼집을
넣는다.

7 접붙이기
대목의 겉껍질과 목질
부 사이에 ❹의 접수를
삽입하고 형성층끼리
확실하게 맞추어준다.

8 접목용 테이프 감기
대목의 절단면이 건조
하지 않도록 접목용 테
이프를 위에서 씌우듯
이 단단히 감는다.

적옥토

9 접목의 완성
5호 정도 화분에 적옥
토를 채워 넣고 접목
을 심는다. 물을 충분
히 주고 그늘에서 관
리한다.

공기구멍을 뚫는다.

10 비닐봉지 씌우기
구멍을 뚫은 비닐봉지를 ❾의 접목 위에 씌워 건조하지 않도록 한다. 비닐봉지는 라피아 등으로 묶어준다.

11 발아
머지않아 대목과 접수에서 새싹이 돋아난다. 사진과 같은 정도로 자라면 비닐봉지를 제거해도 좋지만 계속해서 그늘에 둔다.

12 대목의 순따기
대목에서 돋아나는 순은 전부 따낸다. 손가락으로 떼어내면 쉽게 떨어진다.

13 접수의 순따기
접수는 하나만 남기고 순따기를 하여, 생육을 촉진한다.

Check Point

대목과 접수

　접목으로 사용하는 대목은 공대라고 하는데, 가능한 한 형질이 비슷한 근연종의 수목을 사용하는 것이 포인트다. 대목을 자를 위치는 곧게 자라 접목하기 쉬운 위치로, 접수보다 조금 굵은 부분이 좋다. 복사나무와 매실나무는 동속이라 활착하지만, 원연교배라 그런지 굵기가 굵으면 접목한 부분이 벗겨져 떨어지는 경우가 있다. 매실나무의 접목은 매실나무 실생묘나 야생매실나무의 삽목묘를 대목으로 하는 것이 좋다. 감나무는 떫은감나무의 대목에 단감나무를 접목하면 열매가 달지 않을 수 있으므로 주의한다. 삽목묘는 그대로 두어도 가는뿌리가 뻗어 나오지만, 실생에서 대목을 키울 경우, 그대로 두면 곧은뿌리만 자라고 가는뿌리는 뻗기 힘들다. 접목하기 전에 곧은뿌리를 1/3 정도 잘라 가는뿌리가 뻗어나갈 수 있도록 조성하여 뿌리의 발생과 생육을 도와준다.

노각나무

학 명	*Stewartia pseudocamellia* Maxim.
영어명	Korean Stewartia
일본명	ナツツバキ, ヒメシャラ
과 명	차나무과
다른 이름	노가지나무, 비단나무, 금수목

높이 10~20m까지 자라는 낙엽교목으로 여름(6~8월)에 동백나무 꽃과 비슷한 흰 꽃이 피고, 10월경 열매가 열린다. 동백나무과는 상록이지만 노각나무는 낙엽수이다. 잎에는 작은 톱니가 있으며, 나무껍질은 적갈색으로 얇게 벗겨진다. 공원이나 정원수로 이용된다.

관리일정	1월	2월	3월	4월	5월	6월	7월	8월	9월	10월	11월	12월
상태							꽃			열매		
전정		전정										전정
번식										실생		
비료		시비										
병해충					방제							

"종자를 뿌린 후 부분 차광으로 관리한다."

10월에 종자를 채취하여 바로 심는다. 꼬투리가 터지기 전에 열매를 채집하는 것이 요령이다. 지나치게 익은 것은 오히려 발아율이 떨어진다. 건조하면 안에서 자연스럽게 종자가 나오므로, 체로 쳐서 종자를 가려낸다. 넓은 화분에 적옥토를 채워 넣고 평편하게 고른 다음, 종자를 심고 흙을 체로 쳐서 가볍게 뿌린 후 물을 준다. 건조하지 않도록 짚을 덮어도 좋다. 그 후 직사광선을 피하며 밝은 날 그늘에서 관리한다. 종자가 건조해지지 않도록 물을 주면서 돌본다. 순조롭게 자라면 이듬해 봄에 발아한다. 묘목이 무성해지면 솎아내고 본잎이 3~4장이 되면 옮겨 심는다. 묘목은 1년 후 약 20cm, 2년 후 30~50cm 정도로 자란다.

실생
종자번식
★ ★ ★

1 채종
갈색의 꼬투리 안에 종자가 들어 있어, 꼬투리마다 손으로 종자를 빼내고 체로 쳐서 선별한다.

적옥토

2 종자 뿌리기
넓은 화분에 적옥토를 채워 넣고, 판자의 절단면 등을 이용해 표면을 평편하게 고른 뒤에 종자를 뿌린다. 종자를 채취한 후 바로 심는다.

3 체로 흙 뿌리기
종자를 심은 후 위에서 흙을 체로 쳐서 가볍게 뿌려준다. 종자가 쓸려나가지 않도록 저면급수를 한다. 발아할 때까지 그늘지고 따뜻한 곳에서 관리하는 것이 좋다.

단풍나무

학 명	*Acer palmatum* Thunb.
영어명	Smooth Japanese Maple, Palmate maple
일본명	モミジ
과 명	단풍나무과
다른 이름	단풍, 색단풍나무, 붉은단풍나무

높이 5~30m까지 자라는 낙엽교목이다. 가을에 붉게 물든 잎을 흔히 '단풍'이라 부를 정도로, 잎이 붉게 물드는 나무의 대표격이다. 일반적인 산단풍나무를 비롯하여 암홍색 잎이 매력적인 아기단풍, 잎이 잘게 갈라져 나온 세열단풍 등 공원종도 다채롭다. 단풍나무는 친숙하여 각지에 명소가 많다.

관리일정	1월	2월	3월	4월	5월	6월	7월	8월	9월	10월	11월	12월
상태				새잎						붉은잎		
전정		전정										전정
번식		접목·삽목·실생					접목				실생	
비료		시비										
병해충					방제							

80

"대목은 산단풍나무의 어린 수목을 고르면 좋다. 분재를 만들려면 가능한 한 아래 위치에서 한다."

접목은 2~3월과 7~9월이 적기이다. 대목으로는 산단풍나무의 실생 2년 된 어린나무를 사용한다. 깎기접, 호접, 배접의 방법이 있다. 깎기접은 대목을 자르고, 겉껍질과 목질부 사이에 칼집을 넣어 5~6cm 길이로 자른 접수를 삽입한 뒤에 접목용 테이프로 고정한다.

실생은 11월경에 채종하여 바로 종자를 심거나, 이듬해 봄 2~3월에 심는다. 화분갈이는 1~2년 후에 한다. 가는뿌리가 잘 뻗어갈 수 있도록 곧은뿌리를 조금 자른 후 다시 심는다.

접목
깎기접 · 들접
★ ★ ★
봄

—실생 2년

2 대목 자르기
심을 때 땅에서 10cm 정도 올라오도록 전정가위로 자른다.

3 접수
햇볕이 잘 드는 곳에서 자란 충실한 가지를 사용하여 순이 2~4개 달리도록 자른다. 절단면이 건조하지 않도록 주의한다. 절단면이 맞게 해두는 것이 좋다.

2~4순

1 대목 고르기
2~3월이 적기이다. 대목으로는 실생 2년 된 건강한 수목을 사용한다.

4 접수 만들기
잘 드는 칼을 이용하여 ❸의 절단면을 45도 각도로 반듯하게 자른다.

5 형성층 드러내기
반대면의 겉껍질을 2~3cm 칼로 깎아내어 형성층이 드러나도록 한다.

6 접수의 절단면
색이 변한 부분이 형성층이다. 대목
보다 5mm 정도 길게 잘라 두는 것
이 요령이다.

7 대목의 절단면 칼로 자르기
가위로 자른 ❷의 절단면을 다시 칼
로 반듯하게 자른다.

8 대목의 절단면
조금 각을 주어 잘라두면, 형성층을
알아보기 쉽다.

9 대목의 형성층 드러내기
대목의 겉껍질과 목질부 사이에
2cm 정도로 칼집을 넣어 형성층이
드러나도록 한다.

10 접붙이기
대목의 겉껍질과 목질부 사이에
접수를 삽입하고, 형성층끼리 정
확하게 맞붙인다.

11 접목용 테이프 감기
대목의 절단면이 건조하지 않도
록 주의하며 접목용 테이프로 단
단히 감는다.

12 접목의 완성
대목과 접수가 움직이지 않도록,
접목용 테이프를 2~3회 감아 묶
는다.

13 발아
대목과 접수 모두 새싹이 돋아
난다.

14 순따기
대목의 순을 모두 따낸다. 손가
락으로 가볍게 뜯으면 쉽게 떨어
진다.

접목
깎기접 · 자리접
★ ★ ★
봄

1 대목 자르기
전정가위를 사용하여 대목
을 자른다. 곧게 자라 접목
하기 쉬운 부분을 자른다.

2 접수
순이 4개 달리도록 가지
를 자르고, 잘 드는 칼로
겉껍질을 반듯하게 깎아
내어 형성층이 2~3cm
드러나도록 한다.

15 순 키우기
접수의 순은 계속해서 자란다.
수시로 대목의 순을 따주며 접수
의 생육을 촉진한다.

16 접목의 상태
순조롭게 자라면 잎이 무성해지
고 건강하게 뿌리를 뻗어간다.
너무 강한 햇볕을 쬐지 않도록
주의한다. 대목의 순을 수시로
따주어 접수의 순에 양분이 잘
전달되도록 한다.

3 대목의 형성층 드러내기
대목의 겉껍질과 목질부 사이
에 칼집을 2cm 정도 넣어 형성
층이 드러나게 한다.

4 대목의 완성
형성층을 알아보기 어려울 때
는 사진과 같이 대목의 절단면
에 각을 주어 자르면 좋다.

5 접붙이기
대목의 겉껍질과 목질부 사이에 접수를 삽입하고 형성층을 맞춘다.

6 접목용 테이프 감기
대목의 절단부가 건조하지 않도록 주의하며 접목용 테이프로 감는다.

7 접목의 완성
테이프는 2~3회 단단하게 감아 묶어 둔다.

8 비닐봉지 씌우기
화분에 심고, 구멍을 뚫은 비닐봉지를 씌워 건조하지 않도록 한다.

대목의 순을 따낸다.

9 순따기
대목과 접수 모두 새싹이 돋아난다. 사진과 같은 상태가 되면 비닐봉지를 제거한다. 대목의 순은 모두 따내어 접수의 생육을 촉진한다. 그 후에도 대목에서 순이 돋아나기 때문에 수시로 순을 따준다.

10 수개월 후의 접목
잎이 무성해지고 원기 왕성하게 자란다. 너무 강한 햇볕을 쬐지 않도록 주의한다.

접목
배접 · 자리접, 화분에 심기

★ ★ ★

여름

잎자루를 남긴다.

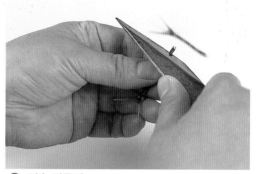

1 접수 자르기
8~9월에, 충실한 가지를 골라 잎이 2장 달리도록 가지를 자른다. 잎자루는 남겨두고 잎은 잘라낸다.

2 접수 만들기
잘 드는 칼을 이용하여 ❶의 절단면을 45도 각도로 반듯하게 자른다.

3 형성층 드러내기
❷의 가지의 반대면도 칼로 겉껍질을 깎아내어 형성층이 드러나도록 한다. 대목의 겉껍질을 깎아 접수를 삽입하고 접목용 테이프로 고정한다.

4 활착
❶에서 남겨둔 잎자루가 시들어 떨어지면 접수가 활착한 것을 알 수 있다. 이때의 순은 아직 녹색이다.

5 활착 후의 모습
추위가 다가오면, 녹색이었던 순이 점점 붉게 변하는 것을 알 수 있다.

Check Point   실생으로 대목 만들기

단풍나무의 접목할 대목으로는 실생으로 자란 묘목을 사용하는 것이 일반적이다. 단, 단풍나무는 뿌리가 곧게 자라는 성질(직근성)이 있어, 종자를 심어두기만 하면 가는뿌리가 크게 자랄 수 없다. 따라서 뿌리가 내려 옮겨 심을 때, 곧은뿌리의 끝을 조금 잘라주면 뿌리의 발생과 생육이 촉진되어 뿌리가 잘 자라게 된다. 대목은 뿌리에서 양분과 수분을 충분히 흡수하여 접수로 공급해야 하므로, 이와 같이 미리 가는뿌리가 많이 뻗어나갈 수 있도록 하는 것이다. 덧붙여, 실생 후 1년 된 수목은 대목으로 삼기에 충분하지 않아, 적어도 2~3년이 지난 수목을 사용하는 것이 좋다.

6 대목 자르기
이듬해 봄, 싹이 트기 전에 접목한 위치로부터 10~15cm 위에서 대목을 자른다.

7 발아
접수의 순이 빨갛게 움트는 것을 볼 수 있다.

8 새순이 자란 모습
이듬해 4~5월, 접수에서 새순이 2개 뻗어 나온다.

순을 1개만 남긴다.

9 순따기
새순은 하나만 남기고, 순을 따내어 생육을 촉진한다. 손가락으로 따내면 쉽게 떨어진다.

10 순따기를 끝낸 접목
활착은 했지만, 강한 바람을 맞으면 위험하므로 취급에 주의한다.

11 라피아로 대목에 고정
만약을 위해 접수를 라피아나 끈으로 대목에 느슨하게 고정해도 좋다.

접목
배접 · 자리접, 땅에 심기
★ ★ ★
여름

1 접수 자르기
햇볕이 잘 드는 곳에서 자란 기세 좋은 가지를 사용한다.

잎자루를 남긴다.

2 접수 만들기
잎이 2개 달리도록 가지를 자른 후 잎자루는 남기고 잎을 떼어낸다.

3 대목의 겉껍질 깎기
충실하고 곧게 자라 접목하기 쉬운
가지를 고르고 접목할 위치를 정한
다. 잘 드는 칼로 겉껍질을 얇게 깎
아내어 형성층이 드러나게 한다.

10~15cm

8 대목 자르기
대목은 활착한 후 10~15cm만 남기고
자른다.

4 접붙이기
대목의 겉껍질과 목질부 사이에 ❷
의 접수를 삽입하고, 형성층끼리 확
실하게 맞추어준다.

1개만
남긴다.

9 순따기
양분을 빼앗기지 않도록 대목의 순을
전부 따내어, 접수의 생육을 촉진한다.
접수에서 움튼 순은 기세 좋은 것 하
나만 남긴다.

5 접목용 테이프 감기
대목과 접수의 형성층을 맞춘 채
단단히 누르고, 그 위에 접목용 테
이프를 감는다.

6 활착
❷에서 남겨둔 접수의 잎자루가 갈
색으로 변한 후 떨어지는 것이 활
착의 기준이다.

10 라피아로 접수 묶기
활착하였다고 해도 떨어지기 쉬우
므로, 라피아나 끈으로 접수를 대
목에 묶어준다.

7 발아
머지않아, 접수에서 약간 붉은빛
을 띤 순이 2개 움트는 것을 볼 수
있다.

11 지지대 세우기
상당히 길게 뻗어나가기 때문에 지지대를 세운다. 곳곳에 라피아로 느슨하게 고정해둔다.

12 접수의 상태
반년이 지나면, 가는 접수의 순이 굵게 자란다. 활착하면 남아 있던 대목이 접목한 부분까지 시들어간다. 동시에 접수의 순이 뻗어나가며 굵어진다.

실생
종자번식
★ ★ ★

1 단풍나무의 종자
10월에 채종한다. 연갈색 우근(羽根)을 손으로 집어 종자를 떼어낸 뒤 바로 심는다.

2 종자 보존
발아를 연기하고 싶거나 종자를 채취하여 바로 심지 않을 때는 저온에서 저장해둔다. 종자가 건조하지 않도록 종이봉투에 넣고, 냉장고 채소칸에 넣어두면 좋다.

3 물주기
수시로 물을 주며 뿌리가 내리기를 기다린다.

4 밝은 날 그늘에서 관리
건조하지 않도록 화분을 밝은 날 그늘에 두고 관리한다.

5 솎아내기
봄이 되어 뿌리가 내리면 무성한 부분을 솎아낸다.

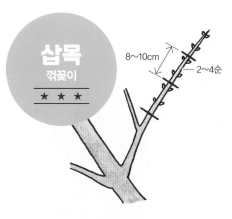

8~10cm

2~4순

1 삽수 자르기
순이 2~4개 달린 충실한 가지를 골라, 8~10cm 길이로 잘라 삽수를 만든다.

곧은뿌리의
1/3을 자른다.

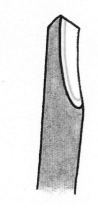

2 삽수의 절단면
잘 드는 칼을 이용하여 45도 각도로 반듯하게 자르고, 반대면도 겉껍질을 얇게 깎아내어 형성층이 드러나도록 한다.

6 뿌리의 선단 자르기
종자를 뿌리고 나서 약 1년 뒤에 화분갈이를 한다. 뿌리가 상하지 않도록 파내고, 가는뿌리를 건강하게 키우기 위해 곧은뿌리의 끝을 1/3 정도 자른다.

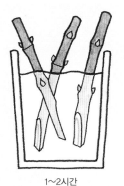

1~2시간

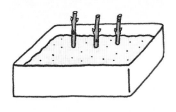

7 화분갈이
3호 화분에 적옥토와 부엽토를 6:4 비율로 섞은 혼합토를 채워 넣고 심는다. 심은 후에는 물을 충분히 주고 밝은 날 그늘에서 관리한다.

3 물주기
물을 담은 용기에 ❷의 삽수를 넣고, 1~2시간 동안 담가두어 물을 충분히 흡수하게 한다.

4 상토에 꽂기
육묘상자에 녹소토나 적옥토를 넣고 평편하게 골라 상토를 만든다. 삽수를 균일하게 꽂고 물을 충분히 준다. 밝은 날 그늘에서 관리한다.

단풍철쭉

학 명	*Enkianthus perulatus* C. K. Schneid.
영어명	Dodan-tsutsuji, White Enkianthus
일본명	ドウダンツツジ
과 명	진달래과
다른 이름	방울철쭉, 만천성

높이 1~4m까지 자라는 낙엽관목으로, 봄에는 가련한 종 모양의 꽃이 만발하며 가을에는 타는 듯한 붉은 잎이 아름답다. 흰 꽃 외에 붉은 꽃이 피는 붉은등대꽃, 꽃잎 끝이 붉게 물드는 사라사등대꽃 등이 있다. 산뜻한 모습으로 정원수로도 인기 있다.

관리일정	1월	2월	3월	4월	5월	6월	7월	8월	9월	10월	11월	12월
상태					꽃							
전정						전정					전정	
번식		삽목	삽목·실생				삽목					
비료		시비										
병해충						방제						

"볕이 잘 드는 곳에서 자란 가지는 기운이 좋다.
삽수로 그런 충실한 가지를 고른다. 화분갈이는 이듬해 봄에 한다."

삽목은 2~3월, 6~8월에 한다. 봄에 자란 충실한 가지를 고르는데, 손으로 구부렸을 때 부러질 정도로 딱딱한 것이 기준이다. 가지를 10cm 길이로 잘라 잎을 2~3장 남기고 아랫부분의 잎을 따낸다. 절단면을 비스듬하게 잘라 정리하고 1~2시간 동안 물에 담가둔다. 6호 넓은 화분이나 삽목용 상자를 사용하는데, 배수를 위해 화분 바닥에 중립의 녹소토를 깔고, 그 위에 소립을 채워 평편하게 고른다. 삽수를 반 정도 깊이로 균일하게 꽂고, 용토를 손으로 가볍게 누른 후 물을 충분히 준다. 부분 차광하여 발근을 촉진한다. 화분갈이는 새싹이 나기 전 이듬해 3월에 한다. 뿌리가 상하지 않도록 주의하며, 용토로는 적옥토와 부엽토를 6:4 비율로 섞어 사용한다.

산에서 자생하는 사라사등대꽃이나 붉은등대꽃은 실생으로 자란다. 가을에 채취한 종자를 서늘한 곳에서 보관하고 이듬해 3월경에 뿌린다. 종자가 작기 때문에 파종 전용 바닥에 심은 후 저면급수한다. 직사광선을 피하고 부분 차광하여 관리한다.

삽목
꺾꽂이
★ ★ ★

1 삽수로 쓸 가지 자르기
6~8월이 적기이다. 그해 자란 충실한 가지를 잘라 사용하는 것이 좋다.

2 삽수 고르기
순이 2~4개 달리도록 가지를 8~10cm 길이로 자른다. 잎은 2~3장 남기고 아랫부분의 잎을 따낸다.

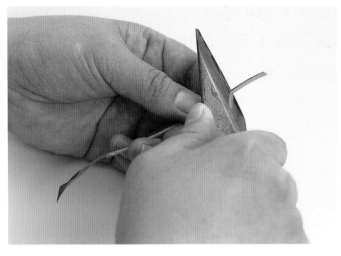

3 삽수 만들기
칼로 절단면을 45도 각도로 반듯하게 자른다.
반대면도 겉껍질을 얇게 깎아내어 형성층이
2~3cm 드러나도록 한다.

1~2시간

4 물주기
삽수의 길이를 맞추고, 1~2시간 동안 물에 담
가 충분히 물을 흡수할 수 있도록 한다.

녹소토

5 삽수 꽂기
넓은 화분에 녹소토를 넣고 삽수를 꽂는다. 균
일하게 꽂는 것이 요령이다. 삽목이 끝나면 충
분히 물을 주고 부분 차광하여 관리한다.

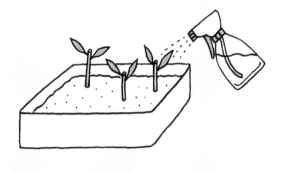

6 밝은 날 그늘에서 관리
삽목 후에는 직사광선을 피하고 밝은 날 그늘에서 관리한
다. 한랭사 등을 쳐서 차광하는 것이 좋다.

7 가끔 잎에 물주기
흙이 건조하면 충분히 물을 주거나, 건조 시에는 가끔 잎에
물을 주는 것이 좋다.

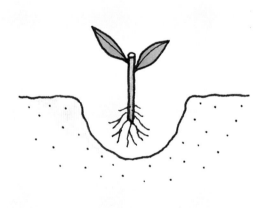

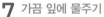
적옥토 6 : 부엽토 4

8 발근
뿌리가 내리면 새로 자란 뿌리를 자르지 않도록 주의하면
서 조심스럽게 묘목을 파낸다.

9 화분갈이
5호 화분을 준비하여 묘목을 옮겨 심는다. 화분 바닥에 자
갈을 깔고, 적옥토와 부엽토를 6:4 비율로 섞어 용토로 사
용한다.

도사물나무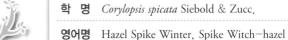

학 명	*Corylopsis spicata* Siebold & Zucc.
영어명	Hazel Spike Winter, Spike Witch-hazel
일본명	トサミズキ
과 명	조록나무과
다른 이름	스피카타히어리, 일본히어리

이른 봄을 대표하는 나무로 높이 2~4m까지 자라는 낙엽관목이다. 꽃은 3~4월에 피는데 잎이 나기 전에 가지 끝이나 마디에 연노랑 꽃이 7~10개씩 작은 이삭 모양(수상)으로 피어 아래로 늘어진다. 지면에서 가지가 여러 갈래로 뻗어 나와 자란다.

관리일정	1월	2월	3월	4월	5월	6월	7월	8월	9월	10월	11월	12월
상태			꽃									
전정	전정				전정						전정	
번식	분주	분주·삽목	삽목		취목		취목·삽목					분주
비료		시비					시비					
병해충						방제						

"삽목할 때 잎이 크면 증산량이 많으므로, 반으로 자른다. 분주는 낙엽기인 12~2월에 한다. 2~3순을 한 포기로!"

삽목은 2~3월의 봄삽목과 6~8월의 여름삽목이 일반적이다. 봄삽목은 햇볕이 잘 드는 곳에서 지난해 자란 충실한 가지를 사용하고, 여름삽목은 그해 봄에 자란 기운 좋은 가지를 이용한다. 각각 8~10cm 길이로 자른 후 잘 드는 칼로 절단면을 비스듬하게 다듬는다. 물을 담은 용기에 30분~1시간 동안 담가두었다가 상토에 꽂는다. 넓은 화분에 소립의 녹소토나 적옥토를 넣어 상토를 만든다. 삽수를 반 정도 깊이로 균일하게 꽂고 삽목이 끝나면 물을 충분히 준다. 밝은 날 그늘에 두고 관리하며, 건조에 주의하면서 흙 표면이 마르면 수시로 물을 준다. 이듬해 봄, 묘목 크기에 맞는 화분에 옮겨 심는다.

분주는 낙엽기인 12~2월이 적기이다. 2~3순을 한 포기로 하며, 뿌리 상태가 좋지 않으면 윗가지를 가볍게 솎아내는 정도로 전정하여 증산작용을 억제한다.

삽목
꺾꽂이
★ ★ ★

1 삽수로 쓸 가지 자르기
6~8월이 적기이다. 그해 자란 튼튼한 가지를 잘라 사용하는 것이 좋다. 잎이나 줄기가 튼실하여 원기 있는 것을 고른다.

2 삽수 고르기
순이 1~2개 달리도록 가지를 8~10cm 길이로 자른다. 잎을 1개만 남기고, 아랫부분의 잎은 따낸다. 또 큰 잎은 반으로 자른다.

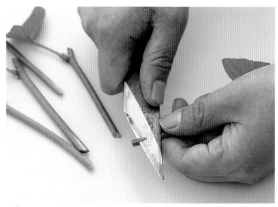

3 삽수 만들기

칼을 이용해 절단면을 45도 각도로 반듯하게 자른다. 가지를 누른 채 칼로 밀듯이 자르면 잘 잘린다.

4 형성층 드러내기

반대면도 겉껍질을 얇게 깎아내어 형성층이 2~3cm 드러나도록 한다. 잘 들지 않는 칼을 사용하면 절단면이 상하여 발근이 나빠진다.

30분~1시간

5 삽수의 완성

삽수의 길이를 맞추면 이후에 관리하기 쉽다. 형성층이 상하지 않도록 조심해서 다룬다.

6 물주기

30분~1시간 동안 물에 담가 물을 충분히 흡수하도록 한다. 여기서 충분히 물을 흡수하면 뿌리를 내리기 쉽다.

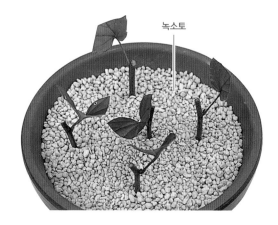

녹소토

7 발근한 삽수

넓은 화분에 녹소토를 넣고, 삽수를 1/2 정도 꽂는다. 균일하게 꽂는 것이 요령이다. 삽목이 끝난 후 충분히 물을 주고, 부분 차광하여 관리한다.

분주
포기나누기
★ ★ ★

1 포기 파내기
크게 자라 포기로부터 줄기가 많이 뻗어
나온 것을 파낸다.

2 포기나누기
뿌리의 흙을 털어내고, 줄기와 가지로부터
뿌리가 나 있으면 전정가위로 분주한다.
굵은 뿌리는 톱으로 자른다.

3 각각 심기
상한 뿌리를 제거하고 포기를 심는다.

4 부엽토 섞어주기
척박토에는 부엽토를 섞어 심으면 좋다. 이때 시간이 지나
면 흙이 꺼지는 경우가 있으므로 흙을 볼록하게 쌓아둔다.

등

학 명	*Wisteria floribunda* (Willd.) DC.
영어명	Japanese Wisteria
일본명	フジ
과 명	콩과
다른 이름	등나무, 참등

낙엽 덩굴식물로 4~6월에 나비 모양의 꽃이 길이 20~90cm의 꽃송이에 달려 아래로 늘어진다. 이 모습이 화려해 꽃의 절정기에는 장관을 이룬다. 꽃은 흰색, 보라색, 홍자색 등 여러 가지이며 방향성이 있는 것도 있다. 가정에서는 일반적으로 등나무 시렁을 만들어 즐긴다.

관리일정	1월	2월	3월	4월	5월	6월	7월	8월	9월	10월	11월	12월
상태					꽃				열매			
전정		전정					전정					전정
번식		접목			취목							
비료		시비										
병해충						방제						

"취목할 위치에 비닐포트를 단단히 고정한다.
적옥토를 넣고, 물주기로 발근을 촉진한다."

취목은 4~8월이 적기이다. 충실한 가지를 골라, 취목할 위치를 정한다. 가지 둘레에 2cm 폭의 환상으로 겉껍질을 깎아내거나, 가지 둘레를 3~4군데 벗겨낸다. 비닐포트를 바닥 구멍까지 잘라내어, 가지를 감싸듯이 씌우고 스테이플러로 고정한다. 불안하면 끈으로 가지에 매달아 고정한 후, 적옥토를 넣고 물을 준다. 건조하지 않도록 수시로 물을 주며, 화분갈이는 이듬해 3월경에 한다. 뿌리가 포트 안을 감아돌고 있는지 여부가 기준이 된다. 자르는 위치는 비닐포트 바로 아래이다. 포트를 분리하고 적옥토(소립)와 부엽토의 7:3 혼합토인 용토에 옮겨 심는다. 물을 많이 주고, 부분 차광하여 환경에 적응할 수 있도록 한다.

접목은 2~3월이 적기이다. 접수는 지난해 자란 가지 가운데 순이 충실한 것을 골라 3~4순이 붙도록 5~8cm 길이로 자르고, 자른 면의 반대쪽도 깎아낸다. 실생 2~3년 된 대목을 골라 깎기접(venner grafting)을 한다.

취목
휘묻이
★ ★ ★

1 취목할 위치 정하기
위치를 정하고 두 군데에 2cm 폭으로 둥글게 칼로 깎아낸다. 폭이 좁으면 위 아래가 붙어버리는 경우가 있다.

2 겉껍질 벗겨내기
칼을 세로로 세워 잘린 곳에 넣고 겉껍질을 목질부까지 조심스럽게 벗겨낸다. 왼쪽 사진은 환상박피를 한 모습이다.

3 비닐포트로 감싸기

비닐포트를 잘라 화분 구멍에 줄기를 넣고 감싼 뒤, 자른 부분을 맞추어 스테이플러로 고정한다.

적옥토

4 흙 채우기

❸의 비닐포트에 적옥토를 충분히 채워 넣고 화분 바닥으로 흘러나올 만큼 물을 충분히 준다. 흙이 말랐을 때 가끔 물을 주면, 반년 후 뿌리가 내린다.

접목
접붙이기
★ ★ ★

1 대목 자르기

햇볕이 잘 드는 곳에서 자란 충실한 묘목을 고른다. 접목을 너무 높은 위치에서 하면 모양이 좋지 않으므로, 가능한 한 아래쪽에서 자른다. 곧게 자란 줄기가 접목하기 쉽다.

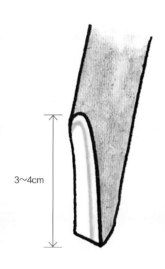

2 접수의 절단면
생육이 좋은 가지를 골라 3~4cm 길이로 반듯하게 자르고,
절단면을 칼로 깎아낸다.

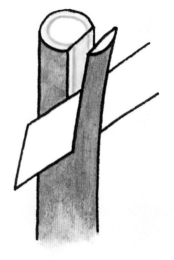

3 대목의 겉껍질 깎아내기
겉껍질과 목질부 사이에 칼집을 내어 형성층이 드러나도록
한다. 접수의 절단면보다 조금 짧게 하는 것이 좋다.

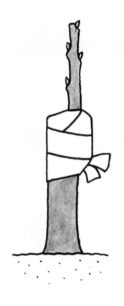

4 접목용 테이프 감기
대목의 절단 부위에 접수를 삽입하고 접목용 테이프를
2~3회 튼튼하게 감아 묶는다.

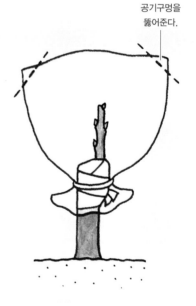

공기구멍을
뚫어준다.

5 비닐봉지 씌우기
공기구멍을 뚫은 비닐봉지를 씌워 아랫부분을 라피아 등으
로 묶어둔다. 물을 주고 활착하기를 기다린다.

때죽나무

학 명	*Styrax japonicus* Siebold & Zucc.
영어명	Japanese Snowbell, Snowbell Tree
일본명	エゴノキ
과 명	때죽나무과
다른 이름	때쭉나무

열매껍질 맛이 아리다는 의미에서 이름이 유래되었다. 높이 7~15m까지 자라는 낙엽교목으로 수양때죽나무, 홍화때죽나무 등이 있다. 5~6월에 흰색 꽃이 갈라진 꽃대마다 피고, 10월경 흰색을 띤 녹색 종 모양의 열매를 맺는다. 종자는 열매 하나에 하나씩 들어 있다.

관리일정	1월	2월	3월	4월	5월	6월	7월	8월	9월	10월	11월	12월
상태					꽃						열매	
전정		전정										전정
번식			접목·실생								실생	
비료			시비									
병해충						방제						

"실생으로 키워, 접목할 대목을 만든다.
대목으로는 실생 3~4년 된 묘목이 가장 적합하다."

접목은 2~3월이 적기이다. 대목은 실생 3~4년 된 충실한 묘목을 사용한다. 접수는 알찬 가지로 순이 4개 정도 달리도록 가지를 자르고, 절단면을 비스듬하게 잘라 다듬는다. 대목을 깎아 접수를 삽입하고 접목용 테이프를 감는다. 대목에서 자란 새싹을 따내면서 접수에 양분이 가도록 한다. 실생은 11월에 잘 익은 종자를 채취하여 바로 심으면 발아율이 높아진다. 또는, 종자를 보존하였다가 이듬해 2~3월에 심는다.

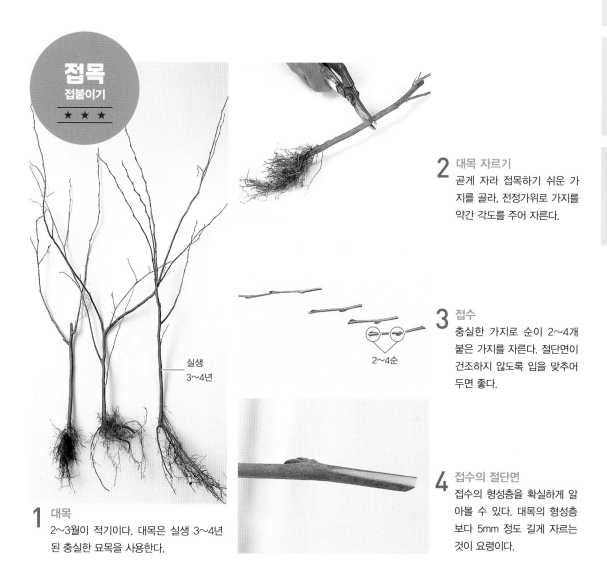

접목
접붙이기
★ ★ ★

실생
3~4년

1 대목
2~3월이 적기이다. 대목은 실생 3~4년 된 충실한 묘목을 사용한다.

2 대목 자르기
곧게 자라 접목하기 쉬운 가지를 골라, 전정가위로 가지를 약간 각도를 주어 자른다.

2~4순

3 접수
충실한 가지로 순이 2~4개 붙은 가지를 자른다. 절단면이 건조하지 않도록 입을 맞추어 두면 좋다.

4 접수의 절단면
접수의 형성층을 확실하게 알아볼 수 있다. 대목의 형성층보다 5mm 정도 길게 자르는 것이 요령이다.

5 대목의 형성층 드러내기
대목의 겉껍질과 목질부 사이에 잘 드는 칼로 찔러 넣듯이 깎아 형성층을 드러낸다.

6 접붙이기
대목과 접수의 형성층을 맞추고 접목용 테이프를 위에서 씌워 단단히 감는다.

7 접목용 테이프 감기
절단면에 물이 들어가지 않도록 대목의 절단면을 가린다. 빙빙 둘러 감으면 오히려 어긋날 수 있다.

8 접목의 완성
접목이 완성된 것. 대목의 절단면이 건조하지 않도록 주의하며 테이프를 감는다.

적옥토

9 화분에 심기
적당한 크기의 화분을 준비하여, 적옥토에 접목묘를 심고 충분히 물을 준다.

공기구멍을 뚫어준다.

10 비닐봉지 씌우기
건조하지 않도록 구멍을 뚫은 비닐봉지를 씌워둔다.

11 발아
대목과 접수 모두 새싹이 돋아난다.

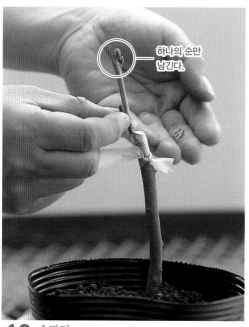

하나의 순만
남긴다.

12 순따기
비닐봉지를 벗긴다. 대목의 순을 모두 따내고, 접
수의 순은 하나만 남겨 생육을 촉진한다.

13 순 키우기
원기 있는 순 하나만 남기고 지속적으로 순따기
를 해준다. 건조하지 않도록 주의한다.

실생
종자번식
★ ★ ★

1 때죽나무의 열매
잘 익은 열매를 골라 종자를 빼낸다.

적옥토

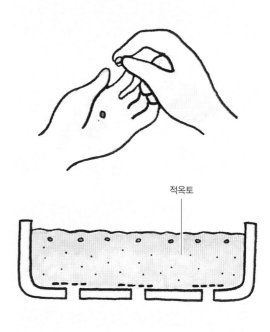

2 종자 심기
넓은 화분에 소립의 적옥토를 채우고 평편하게 고른 다
음, 종자를 균일하게 심고 위에서 체를 이용하여 흙을
뿌린다. 종자가 흘러가지 않도록 주의하며 물을 충분히
주고 그늘에 둔다.

라일락

학 명	*Syringa vulgaris* L.
영어명	Lilac
일본명	ライラック
과 명	물푸레나무과
다른 이름	라라꽃, 자정향, 양정향나무, 서양수수꽃다리

높이 2~6m까지 자라는 낙엽관목 또는 소교목으로, 4~5월에 작은 연보라색 꽃들이 원뿔 모양으로 군집하여 핀다. 화려한 꽃송이에서 짙은 향기가 나며 품종에 따라 향수의 원료로 사용되기도 한다. 정원수나 가로수로도 인기가 높다. 꽃은 흰색, 복숭아색, 보라색 등으로 다채롭다.

관리일정	1월	2월	3월	4월	5월	6월	7월	8월	9월	10월	11월	12월
상태				꽃								
전정	전정					전정						전정
번식		접목										
비료		시비										
병해충				방제								

"대목으로 적당한 것은 쥐똥나무 1~2년생 묘목이다. 시판되는 묘목도 접목묘가 많다."

접목은 2~3월이 적기이다. 접수는 충실한 가지를 골라 5~6cm 길이로 자른다. 대목으로는 라일락이나 쥐똥나무의 1~2년 된 묘목을 사용한다. 쥐똥나무는 3월경에 굵은 가지를 삽목으로 하면, 이듬해 대목으로 사용할 수 있다.

접목할 위치에서 대목을 자르고 겉껍질과 목질부 사이에 칼집을 넣는다. 접수를 삽입하여 접목용 테이프로 고정한다. 비닐봉지를 씌워 관리하면서, 수시로 순따기를 하고 접수의 순 하나만 키운다.

접목
접붙이기
★ ★ ★

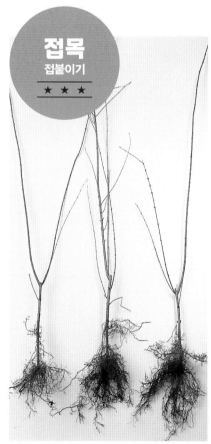

2 대목 자르기
심었을 때 흙에서 10cm 정도 올라오도록 대목을 자른다. 높은 위치의 접목은 모양이 좋지 않다. 충실하고 곧게 자라, 접목하기 쉬운 부분을 사용한다.

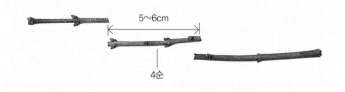
5~6cm / 4순

3 접수
순이 4개 달린 건강한 가지를 5~6cm 길이로 자른다. 충실한 선단 부분도 사용한다. 입을 맞추어 절단면이 건조해지지 않도록 한다.

2~3cm

1 대목
작업은 2~3월에 한다. 대목이 될 나무를 준비하는데, 실생 2년 정도 된 것으로 햇볕이 잘 드는 곳에서 자란 기세 좋은 묘목을 사용한다.

4 접수의 절단면
접수의 절단면을 잘 드는 칼로 반듯하게 자른 후 겉껍질을 깎아내어, 형성층이 2~3cm 드러나도록 한다.

라일락 107

5 대목의 형성층 드러내기
대목의 겉껍질과 목질부 사이에 칼집을 넣어 형성층이 드러나게 한다.

6 접붙이기
대목에 접수를 삽입하고, 형성층끼리 확실히 맞추어준다.

7 접목용 테이프 감기
대목의 절단면이 건조하지 않도록, 접목용 테이프를 위에서 씌우고 단단히 감아준다.

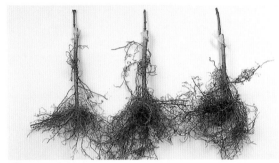

8 접목의 완성
접목을 완성하면 접목용 테이프로 감싸 묶어둔다.

적옥토

9 심기
화분을 준비하고 **❸**의 접목을 적옥토에 심는다.

공기구멍을 뚫는다.

10 비닐봉지 씌우기
구멍을 뚫은 비닐봉지를 씌워 건조하지 않도록 한다.

11 발아
머지않아 대목과 접수에서 모두 새싹이 돋아난다.

12 대목의 순따기
대목에서 자란 순은 전부 따낸다. 손가락으로 떼어내면 쉽게 떨어진다.

13 순 키우기
대목의 순따기가 끝난 모습. 이후에도 수시로 대목의 순을 따준다.

순은 1개만 남긴다.

14 접수의 순따기
뻗어 나오는 2개의 순 가운데 하나만 남겨 생육을 촉진한다. 선단에서 둘로 나뉜 경우는 가지 모양을 지켜보며 어느 쪽을 남길지 결정해도 좋다.

대목의 순을 떼어낸다.

15 수시로 순따기
생육이 좋은 묘목은 대목에서도 계속해서 순이 움튼다. 그때마다 순따기를 하여, 접수의 생육을 촉진한다.

Check Point

라일락의 접목묘

원예점에서 라일락을 구입할 때, 접목묘인 경우가 많다. 좋은 접목묘를 구분하는 포인트가 있다.

첫째로 접붙인 부분이 잘 부착되어 있으며, 둘째로 대목의 뿌리가 길게 뻗어 있는 것을 선택한다. 충실한 가지가 뻗어 있는 수목을 요청하는 것도 좋다. 잘 모를 때는 1등묘(묘목에는 등급이 있다)를 선택하면, 향후 생장도 좋으며 좋은 나무가 될 것이다.

레드커런트

학 명	*Ribes rubrum* L.
영어명	Redcurrant, Red Currant, Cultivated Currant
일본명	フサスグリ
과 명	범의귀과

높이 1.5m까지 자라는 낙엽관목으로 원산지는 유럽과 중앙아시아이다. 7월경, 팥 정도 크기의 붉은 열매가 송이처럼 열린다. 열매 색이 다른 검은까치밥나무, 흰까치밥나무도 있다. 생식 외에도 잼을 만들어 먹기도 한다.

관리일정	1월	2월	3월	4월	5월	6월	7월	8월	9월	10월	11월	12월
상태					꽃	열매						
전정		전정										전정
번식		삽목 · 취목										
비료		시비										
병해충						특별히 없음						

"삽목으로 쉽게 번식시킬 수 있다.
　　　2월 하순~3월 중순에는 분주도 가능하다."

삽목을 하기에 적당한 시기는 2~3월이다. 지난해 자란 가지 가운데 충실한 부분을 골라, 순이 2~4개 달리도록 자른다. 잘 드는 칼로 절단면을 비스듬하게 자르고 반대면도 깎아내어 물에 담가두었다가 적옥토나 녹소토에 꽂는다.

분주는 2월 하순~3월 중순에 가능하다. 오래된 포기는 포기에서부터 가지가 많이 뻗어 나와 여러 갈래로 자란다. 여기에 성토하여 발근을 촉진하면 된다. 건조하지 않도록 주의한다. 가는뿌리가 많이 뻗어 나오므로 이것을 제거하고 화분갈이를 한다.

취목
휘묻이
★ ★ ★

둘레를 3~4군데 깎는다.

1 취목할 위치 정하기
취목할 위치를 정하고, 줄기 둘레를 3~4군데 칼로 깎는다.

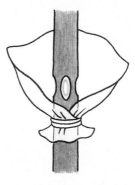

2 비닐로 감싸기
취목할 위치 아랫부분을 비닐로 감싸고 끈으로 묶는다.

물이끼

3 물이끼로 감싸기
미리 물에 적셔둔 물이끼를 취목 부분에 단단히 둘러 비닐로 감싼다.

4 비닐을 끈으로 묶기
비닐을 끈으로 묶어 고정한다. 가끔 윗부분의 끈을 느슨히 하고 수분을 보충하면서 발근을 촉진한다.

삽목
꺾꽂이
★ ★ ★

1 가지 자르기
2~3월에, 햇볕이 잘 드는 곳에서 자란 충실한 부분을 골라 삽수로 쓸 가지를 자른다.

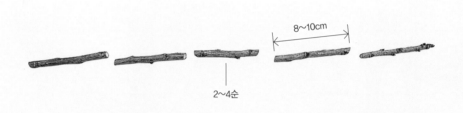

8~10cm

2~4순

2 삽수 만들기
순이 2~4개 달린 줄기를 8~10cm 길이로 나누어 잘라 삽수를 만든다.

3 삽수의 절단면
잘 드는 칼을 이용하여 삽수의 절단면을 45도 각도로 반듯하게 자른다.

4 형성층 드러내기
❸의 반대면 겉껍질을 칼로 얇게 깎아내어 형성층이 드러나도록 한다.

30분~1시간

5 삽수의 완성
삽수의 길이를 맞추고 절단면을 정리한다. 시든 가지처럼 보이지만, 절단면은 신선하고 생기가 있다.

6 물주기
❺의 삽수는 30분~1시간 동안 물에 담가 충분히 물을 흡수하게 한다.

적옥토

7 삽수 꽂기
화분에 적옥토를 넣고 평편하게 고른 뒤, 삽수를 1/2 정도 깊이로 꽂는다.

8 삽목의 완성
삽수를 균일하게 꽂고 물을 충분히 준다. 밝은 날 그늘에서 관리한다.

9 발근
3개월 정도 지나면 새싹이 돋아나고 뿌리가 자란다. 이듬해 봄에 화분갈이를 한다.

명자나무

학 명	*Chaenomeles speciosa* (Sweet) Nakai
영어명	Japanese Quince, Maule's Quince
일본명	ボケ, クサボケ
과 명	장미과
다른 이름	명자꽃, 산당화, 가시덱이, 애기씨꽃나무

중국 원산으로 높이 1~2m까지 자라는 낙엽관목이며, 정원수나 분재로 인기가 많다. 봄에는 흰색, 붉은색, 연홍색의 꽃이 가지 가득 핀다. 꽃잎은 5장인데, 품종에 따라 8장인 꽃도 있다. 큰 열매는 약용하거나 과실주를 담그는 데 쓴다.

관리일정	1월	2월	3월	4월	5월	6월	7월	8월	9월	10월	11월	12월
상태			꽃									
전정		전정		전정								전정
번식		삽목		취목			취목·삽목					
비료		시비										
병해충						방제						

"삽목의 용토로는 녹소토나 적옥토가 최적이다. 취목은 성토법을 하면 좋다. 철사를 단단히 감아놓으면 발근을 촉진한다."

삽목은 2월과 6~8월이 적기이다. 둘 다 삽수로 충실한 가지를 사용한다. 가는 선단부는 가지에 기운이 없어, 삽목을 하더라도 사용되지 않으므로 잘라버린다. 충실한 부분을 8~10cm 길이로 자르고, 잘 드는 칼로 아랫부분을 깎아낸다. 물을 준 뒤, 녹소토나 적옥토에 심는다.

옮겨심기는 3월이 적기이다. 한 개씩 작은 화분에 옮겨 심는다. 용토로는 적옥토(소립)와 부엽토를 7:3 비율로 섞은 혼합토를 사용한다.

취목은 4~8월에 성토법을 한다. 취목할 줄기의 뿌리 부분에 철사를 감고, 펜치로 죄어 묶어둔다. 그 후 성토하고 물을 충분히 주어, 흙의 습도를 높이고 발아를 촉진한다. 보통 1년이 지나면 뿌리가 내리기 때문에 흙을 제거하고 뿌리 상태를 확인한다. 뿌리가 잘 자란 것을 확인하면 취목 위치 바로 아랫부분을 잘라 옮겨 심는다. 겨울 외의 시기에 옮겨 심으면 뿌리에 혹이 생기므로 주의한다.

삽목
꺾꽂이
★ ★ ★

8~10cm

2~4순

2 삽수 자르기
순이 2~4개 달리도록 8~10cm 길이로 ❶의 가지를 나누어 자른다. 가지의 위아래를 혼동하지 않도록 주의한다.

1 가지 자르기
2월경이 삽목의 적기이다. 햇볕이 잘 드는 곳에서 자란 기세 좋은 묘목을 골라 삽수로 쓸 가지를 자른다.

3 삽수 만들기
잘 드는 칼을 이용하여 45도 각도로 비스듬하게 반듯이 자른다. 가지를 확실히 누르고, 칼날을 앞으로 밀듯이 하면 잘 잘린다.

명자나무 115

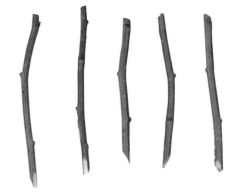

4 형성층 드러내기

가지의 반대면 겉껍질을 깎아내어 형성층이 드러나도록 한
다. 형성층의 표면적을 크게 하여 수분의 흡수를 높이면 뿌
리를 내리기 더 쉽다.

5 삽수의 완성

삽수는 길이를 맞추어 자르고, 물을 잘 흡수하고 뿌리를 쉽
게 내리도록 겉껍질을 벗겨낸다. 길이를 맞추어두면 관리하
기가 쉽다.

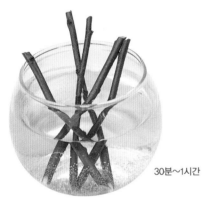

30분~1시간

적옥토

6 물주기

❺의 삽수는 물을 넣은 용기에 30분~1시간 동안 담가두어
물을 충분히 흡수하게 한다. 이것이 삽수의 요령이다.

7 삽수 꽂기

넓은 화분에 적옥토를 채워 넣고 삽수를 꽂는다. 절단면이
상하지 않도록 막대로 구멍을 뚫은 후 꽂아도 좋다.

8 삽목의 완성

삽수를 균일하게 꽂은 다음 충분히 물을 주고 그늘에서 관
리한다.

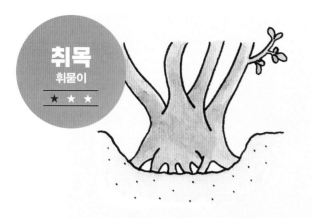

취목
휘묻이
★ ★ ★

1 포기 파내기
4~8월이 적기이다. 크게 자란 포기를 뿌리 근처까지 파낸다.

2 철사 감기
줄기 쪽으로 철사를 감아 펜치로 강하게 죄어준다.

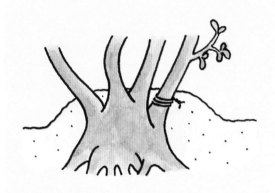

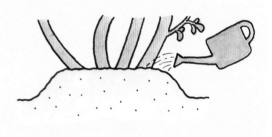

3 흙 쌓기
흙을 다시 메우고 포기에 흙을 많이 쌓아 올린다.

4 물을 충분히 주기
충분히 물을 주고 습도를 유지하며 발근을 촉진한다.

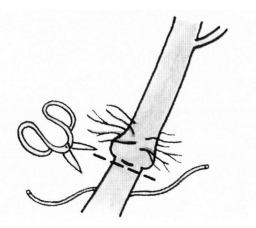

5 발근
생육이 좋은 것은 반년 정도 지나면 뿌리를 내린다. 추위가 들면(1월, 5·6월경) 파내어, 발근을 확인한 뒤 가위로 자른다. 철사를 제거하고, 화분에 심거나 땅에 심는다.

목련

학 명	*Magnolia kobus* DC.
영어명	Mokryeon, Kobus magnolia
일본명	コブシ, モクレン類
과 명	목련과
다른 이름	옥란, 두란, 신이, 목필

높이 4~5m까지 자라는 낙엽소교목이다. 잎이 나기 전 3~4월에, 가지 가득 흰 꽃이 피고, 한 쌍의 어린잎이 그 위치에 달린다. 봄의 야산에 피는 모습도 아름답다. 목련[拳]이라는 이름은 꽃이 피기 시작하는 모습이 주먹처럼 보인다고 한 데서 유래되었다.

관리일정	1월	2월	3월	4월	5월	6월	7월	8월	9월	10월	11월	12월
상태			꽃									
전정		전정			전정							전정
번식			접목 · 실생									
비료		시비							시비			
병해충						특별히 없음						

"목련은 흔히 실생으로 자란다.
단, 애기별목련 등은 접목으로 번식시킨다."

목련은 모두 실생으로 번식하지만, 분홍색 꽃이 피는 애기별목련은 접목으로 번식시킨다.
접목은 2~3월이 적기이다. 대목으로는 목련을 이용하며, 깎기접을 하는 것이 일반적이다.
실생으로 번식시킬 경우, 과육 안의 종자를 꺼내고 물로 잘 씻은 후 바로 심는다. 또는 그 상태로 비
닐봉지에 넣고 저온 저장하였다가 이듬해 2월경에 종자를 씻어 뿌린다. 파종할 용토로는 적옥토를
사용한다.

접목
접붙이기
★ ★ ★

실생 2년

1 대목
일반적으로 2~3월에 작업을 한다. 대목
이 될 나무를 준비한다. 햇볕이 잘 드는
곳에서 자란 기세 좋은 묘목을 사용하며,
가지가 충실한 것을 고른다.

2 대목 자르기
곧게 자라 접목하기 쉬운 위
치를 골라 대목을 자른다. 높
은 위치에서 접목하면 모양이
좋지 않다.

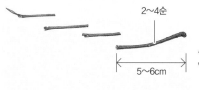

2~4순

5~6cm

3 접수 자르기
접수로 사용할 건강한 가지를
골라 순이 2~4개 달리도록
가지를 자른다.

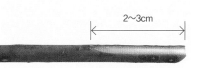

2~3cm

4 접수 만들기
잘 드는 칼로 겉껍질을 깎아
내어, 형성층이 2~3cm 드러
나도록 한다.

5 대목의 형성층 드러내기
대목의 겉껍질과 목질부 사이에 2cm 정도로 칼집을 넣어 형성층이 드러나게 한다.

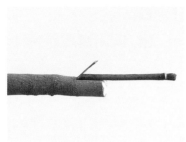

6 접붙이기
대목의 칼집에 접수를 삽입하고 형성층을 맞추어준다.

11 발아
대목과 접수 모두 새싹이 돋아난다. 이 상태가 되면 비닐봉지를 제거해도 좋다.

7 접목용 테이프 감기
대목의 절단면이 건조하지 않도록, 접목용 테이프를 위에서 씌우듯이 감아준다.

8 접목용 테이프 고정하기
접목용 테이프를 감싸고 단단히 고정시켜 테이프를 묶는다. 동일하게 몇 개를 정리하여 접목을 만들어두면 좋다.

적옥토

9 접목의 완성
접목을 완성하면 5호 비닐포트나 플라스틱 화분에 적옥토를 사용하여 심는다. 심은 후에는 충분히 물을 준다.

공기구멍을 뚫는다.

10 비닐봉지 씌우기
구멍을 뚫은 비닐봉지를 위에서 씌운 후, 아랫부분을 라피아 등으로 고정한다. 가능한 한 건조하지 않도록 주의한다.

1~2순 남긴다.

12 순따기
대목의 순을 모두 따내고, 접수의 순은 1~2개만 남긴다. 손가락으로 간단히 떼어낼 수 있다.

1 목련의 열매
선명한 오렌지색 열매
가 특징이다. 잘 익은
것을 고른다.

13 순 키우기
순따기를 해주면 접수 순의 생육
을 촉진할 수 있다.

2 과육 제거하기
갈색 꼬투리에서 과육
을 꺼내어 뭉개고, 물로
잘 씻어 종자를 꺼낸다.

적옥토(소립)

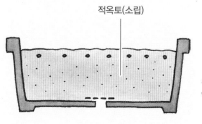

3 종자 뿌리기
소립의 적옥토에 종자
를 흩뿌린다. 흙을 뿌리
고 나서 물을 준 뒤 그
늘에 둔다.

14 수시로 순따기
몇 개월이 지나면 순이 크게 자
란다. 대목에서도 순이 돋아나기
때문에, 그때마다 순따기를 해준
다. 접수의 순은 상태를 보면서
마지막에 가장 기세 좋은 1개만
남긴다.

4 화분갈이
뿌리가 내리면 파내어,
가는뿌리를 키우고 뿌
리를 튼튼히 하기 위해
곧은뿌리를 1/3 정도 자
른 뒤 다시 심는다.

무궁화

학 명	*Hibiscus syriacus* L.
영어명	Mugunghwa
일본명	ムクゲ
과 명	아욱과
다른 이름	무궁화나무, 목근화

중국 원산으로 높이 2~4m까지 자라는 낙엽관목이며, 한국의 국화이다. 꽃은 하루 만에 시들지만, 한여름인 7월부터 10월경까지 오랜 기간에 걸쳐 차례차례 꽃을 피운다. 원종인 꽃은 홑겹으로 홍자색이며, 그 밖에도 백화종, 겹꽃으로 피는 종류가 있다.

관리일정	1월	2월	3월	4월	5월	6월	7월	8월	9월	10월	11월	12월
상태								꽃		열매		
전정	전정											전정
번식		삽목 · 실생				삽목						
비료		시비										
병해충					방제							

"삽수의 절단면은 칼로 반듯하게 자른다.
종자는 냉암소에 보관하고 이듬해 봄에 뿌린다."

삽목은 2~3월과 6~8월이 적기이다. 2~3월에 할 경우에는 지난해 자란 가지를 사용하고, 6~8월에 하는 경우에는 그해 자란 가지를 사용한다. 뿌리가 내릴 때까지 약 3주간 부분 차광하여 관리하고 물을 충분히 주어 습도를 유지한다. 발근 후에는 점차 햇볕을 쬘 수 있도록 하며, 물의 양을 줄여간다. 화분갈이는 이듬해 3월경이 적기이다. 용토로는 적옥토(소립)와 부엽토의 7:3 혼합토를 사용한다. 실생은 11~12월에 종자를 채취하여 종이봉투 안에 넣고 냉암소에서 보관해 두었다가 이듬해 봄에 심는다.

삽목
꺾꽂이
★ ★ ★

1 가지 자르기
6~8월에 삽수로 쓸 가지를 자른다. 햇볕이 잘 드는 곳에서 자란 건강한 가지를 사용한다.

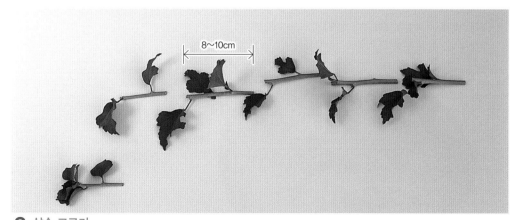

8~10cm

2 삽수 고르기
삽수로 사용할 수 있는 부분과 사용하기 어려운 부분을 선별한다. 충실한 새싹은 사용하지만 부드러운 새싹은 적당하지 않다.

잎을 1~2장
남긴다.

3 삽수 만들기
8~10cm 길이로 잘라 잎을 1~2장 남기고 따낸다. 겉껍질
이 벗겨지기 쉬우므로 조심스럽게 잎을 떼어낸다.

4 삽수의 절단면
잘 드는 칼을 이용하여 45도 각도로 반듯하게 자른다. 반대
면도 겉껍질을 1~2cm 정도 얇게 깎아내어 형성층이 드러
나게 한다.

30분~1시간

5 삽수의 완성
길이를 맞추고 절단면을 정돈하여 삽수를 완성한다. 절단면
에서 형성층이 보인다. 절단면이 상하지 않도록 조심하여
다룬다. 길이를 맞추어두면 이후 관리하기 쉽다.

6 물주기
30분~1시간 동안 물에 담가 충분히 물을 흡수하도록 한다.

녹소토

7 삽수 꽂기
화분에 녹소토를 넣고, 삽수를 균일하게 1/2 정
도 꽂는다. 막대로 구멍을 뚫고 꽂아도 좋다.

실생
종자번식
★ ★ ★

파종은 이듬해 2~3월에 한다. 그 상태로는 발아하기 힘들어, 미온수에 종자를 넣고 하루 정도 둔다. 다음 날 6~8호의 넓은 화분에 적옥토를 채우고 종자를 심는다.

1 채종(11~12월)
갈색 꼬투리 안에 종자가 들어 있다. 꼬투리에서 손으로 종자를 빼내고 체로 쳐서 선별한다.

2 파종(2~3월)
넓은 화분에 적옥토를 넣고 종자를 균일하게 흩뿌린 뒤, 위에서 흙을 체로 쳐서 뿌려 준다.

배롱나무

학 명	*Lagerstroemia indica* L.
영어명	Crape Myrtle
일본명	サルスベリ
과 명	부처꽃과
다른 이름	목백일홍, 백일홍나무

중국 남부 원산으로 높이 5~10m까지 자라는 낙엽교목이며, 붉은 꽃이 100일 동안 피어 있다 하여 목백일홍이라 불리기도 한다. 꽃이 피는 시기는 7~9월이고, 3~4cm 길이의 주름장식 같은 꽃이 층층이 핀다. 11월경 동그란 열매가 열린다. 줄기는 원숭이가 미끄러질 만큼 미끄럽다.

관리일정	1월	2월	3월	4월	5월	6월	7월	8월	9월	10월	11월	12월
상태							꽃	꽃	꽃		열매	
전정		전정										전정
번식			삽목			취목						
비료		시비										
병해충					방제	방제						

"낙엽기에 작업하므로 삽수에는 잎이 달려 있지 않다. 가지의 위아래를 혼동하지 않도록 해야 한다. 삽수는 곧바로 물에 담가두는 것이 좋다."

삽목 시기는 2~3월이 적당하다. 지난해 자란 가지로 충실한 부분을 사용하는데, 8~10cm 길이로 잘라 절단면을 정리하고 30분~1시간 물에 담가 물을 흡수하게 한다. 적당한 크기의 화분에 소립의 적옥토를 넣어 상토를 만든 후 삽수를 꽂는다. 낙엽기에 작업하므로 잎이 달려 있지 않아, 가지의 상하 구분이 어렵다. 반드시 순의 방향을 확인한 후에 삽입한다. 절단면을 정리하고 끝부분을 물에 담가두면 위아래를 헷갈리는 실수를 피할 수 있다. 삽목이 끝나면 충분히 물을 주고, 부분 차광하여 둔다. 흙 표면이 건조하면 물을 준다.

취목은 4~8월에 성토법으로 한다. 포기에서 갈라져 자란 움돋이 가운데 충실한 가지를 골라 철사로 감고, 펜치로 강하게 죄어준다. 가능한 한 뿌리 쪽으로 성토하여 뿌리가 내리기를 기다린다. 건조하지 않도록 짚을 깔아두거나 낙엽을 뿌려두면 좋다. 또, 원예종이라면 실생으로 번식할 수도 있다.

삽목
꺾꽂이
★ ★ ★

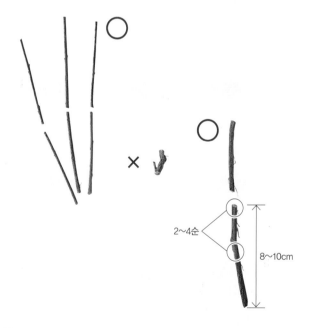

2~4순

8~10cm

1 삽수로 쓸 가지 자르기
2~3월이 적기이며, 지난해 자란 충실한 가지를 사용한다.

2 삽수 고르기
순이 2~4개 달린 가지를 골라 8~10cm 길이로 자른다. 충실한 가지를 사용하며, 시든 가지나 부드러운 가지는 피한다.

3 삽수 만들기
칼을 이용하여 절단면을 45도 각도로 반듯하게 자른다. 반대 면도 겉껍질을 얇게 깎아낸다.

4 삽수의 완성
삽수의 길이를 맞추고 절단면을 정리한다. 길이가 제각각 다르면 관리하기 어렵다.

7 삽목의 완성
삽목이 끝나면 물을 준다. 부분 차광을 하고 뿌리가 내릴 때까지 건조하지 않도록 관리한다.

30분~1시간

5 물주기
삽수를 30분~1시간 동안 물에 담가 물을 충분히 흡수하도록 한다.

적옥토

6 삽수 꽂기
넓은 화분에 적옥토를 채우고 삽수를 1/2 정도로 꽂는다. 균일하게 꽂는 것이 요령이다.

8 발근
반년 정도 지나면 이렇게 뿌리가 자란다. 발근 후에는 햇볕이 잘 드는 곳에 둔다.

취목
휘묻이
★ ★ ★

1 철사 감기
4~8월이 적기이다. 포기를 심은 흙을 파내어 줄기와 가지의 뿌리 가까이에 철사를 감고, 펜치로 강하게 죄어둔다.

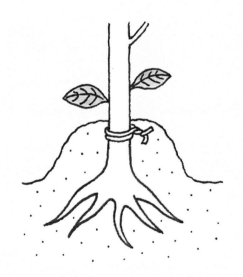

2 흙 쌓기
뿌리에 성토하고, 근원 전체를 심는다. 흙이 건조하지 않도록 물을 주고, 뿌리를 내리기 쉽도록 습도를 유지해준다.

3 발근
반년 후 뿌리가 내리면, 포기를 잘라 철사를 제거하고 화분 갈이를 한다. 물을 충분히 주고 밝은 날 그늘에서 관리한다.

벚나무

학 명	*Prunus serrulata* var. *spontanea* (Maxim.) E. H. Wilson
영어명	Oriental Flowering Cherry
일본명	サクラ
과 명	장미과
다른 이름	먹사오기, 사오기, 사오낭, 사구라나무

높이 5~25m까지 자라는 낙엽교목으로, 봄을 대표하는 꽃이며 가로수나 정원수로 애용되고 있어 매우 친숙하다. 꽃이 피는 시기는 3~4월이며, 옅은 분홍빛을 띤 꽃이 청초한 분위기를 자아내는 왕벚나무, 야생종으로 운치 있는 천엽벚나무, 산형으로 꽃이 피는 수양벚나무 등이 있다.

관리일정	1월	2월	3월	4월	5월	6월	7월	8월	9월	10월	11월	12월
상태				꽃		열매						
전정	전정											전정
번식			접목·실생									
비료		시비			시비							
병해충					방제							

"수목의 기운이 강하고 뿌리가 잘 발달한 좋은 대목을 고른다.
깎기접으로 번식시키는 것이 일반적이다."

2~3월에 깎기접을 한다. 접수로 올벚나무계나 산벚나무계의 수목을 사용할 경우, 수목의 기운이 강하고 뿌리가 잘 발달한 산벚나무의 실생묘를 대목으로 고른다. 접수로 쓸 가지는 순이 2~4개 붙어 있도록 5~6cm 길이로 자른다. 접목할 위치에서 대목을 자르고, 겉껍질과 목질부 사이를 깎아 접수를 삽입한 후 접목용 테이프로 고정한다. 실생은 접목용 대목을 키우는 데 사용하는 방법이다. 종자를 뿌리는 시기는 2~3월이 적당하다.

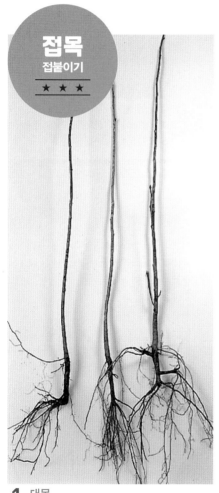

접목
접붙이기
★ ★ ★

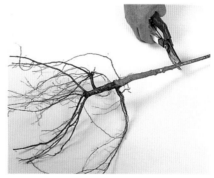

2 대목 자르기
전정가위로 비스듬하게 자른다. 곧게 자라 접목하기 쉬운 가지를 사용하는 것이 좋다.

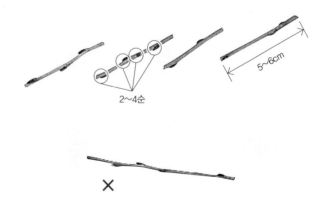

2~4순

5~6cm

×

1 대목
2~3월이 적기이며, 대목으로는 충실한 묘를 사용한다.

3 접수
충실한 가지에 순이 2~4개 붙어 있도록 가지를 자른다. 절단면이 건조하지 않도록 주의한다.

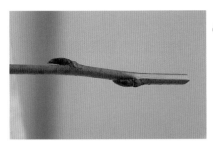

4 접수의 절단면
형성층을 확실하게 구분할 수 있다. 대목보다 5mm 정도 길게 자르면 좋다.

5 대목의 형성층 드러내기
대목의 겉껍질과 목질부 사이에 잘 드는 칼로 찔러 넣듯이 깎아 형성층을 드러낸다.

6 접붙이기
대목과 접수의 형성층이 확실히 밀착되도록 눌러준다.

적옥토

9 화분에 심기
적당한 크기의 화분에 적옥토를 사용하여 묘목을 심고 물을 준다.

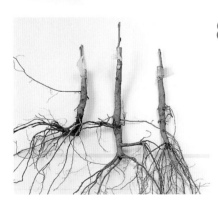

7 접목용 테이프 감기
접목용 테이프를 위에서 씌우듯이 하여 튼튼하게 감는다.

8 접목의 완성
접목을 완성할 때 대목의 절단면이 건조하지 않도록 신속히 하는 것이 요령이다.

공기구멍을 뚫어준다.

10 비닐봉지 씌우기
건조하지 않도록 구멍을 뚫은 비닐봉지를 씌우고 아랫부분을 가볍게 묶는다.

11 발아
대목과 접수 모두 새싹이 돋아난
다. 비닐봉지를 제거한다.

12 순따기
대목의 순을 모두 따내고, 접수
는 하나만 남겨둔다.

13 순 키우기
건강한 순을 하나만 남기고 순따
기를 계속하며, 건조하지 않도록
주의한다.

14 접목의 상태
순조롭게 자라난 접목. 대목에서
순이 자란 경우에는 지속적으로
순따기를 해준다.

15 접목 이후
반년이 지나면 1m 정도로 자란
다. 생장함에 따라 점차 빛에 익
숙해지도록 한다. 넘어지지 않도
록 지지대를 세워준다.

Check Point **실생으로 대목 키우기**

벚나무를 접목으로 번
식시킬 때, 대목으로 쓸 산
벚나무 등을 실생으로 키
울 수 있다.
익은 열매를 채집하여 건
조하지 않도록 보존해둔
다. 이듬해 2월에 과육을
제거하고 종자를 채취하여
물로 충분히 씻은 다음 심
는다. 흙이 마르지 않도록
위에 짚을 덮어두면 좋다.

벚잎꽃사과나무

학 명	*Malus* x *prunifolia* (Willd.) Borkh.
영어명	Crabapple
일본명	ハナカイドウ
과 명	장미과
다른 이름	서부해당화

높이 3~8m까지 자라는 낙엽교목으로 4월에 벚꽃을 닮은 연홍색 꽃이 가지마다 가득가득 어지러이 핀다. 화려하게 피어 아래로 숙인 모양이 우아하다. 원산지인 중국에서는 미인을 형상화한 꽃이라고 한다. 꽃잎이 겹쳐 피는 종이나, 가지를 타고 피는 종이 있어 정원수로 인기가 있다.

관리일정	1월	2월	3월	4월	5월	6월	7월	8월	9월	10월	11월	12월
상태				꽃								
전정	전정				전정							전정
번식			접목			취목						
비료		시비										
병해충							방제					

"칼로 가지 둘레를 3~4군데 깎아 취목한다. 환상박피는 나무를 상하게 하기 쉽다. 사과나무의 동종을 접목의 대목으로 한다."

취목은 수목의 생육기에 해당하는 4~8월에 한다. 가지 수가 많고 생육이 좋은 부분을 선별하여, 2~3년 된 충실한 가지로 취목한다. 위치를 정하면 가지 둘레를 칼로 3~4군데 깎아낸다. 비닐포트에 칼집을 넣고 가지를 씌우듯이 감아 스테이플러로 고정한다. 끈으로 가지에 고정하고 적옥토를 넣은 다음 충분히 물을 준다. 순조롭게 뿌리를 내리면 이듬해 발아하기 전, 모수목으로부터 분리하여 옮겨 심는다.

접목은 2~3월이 적기이다. 접수는 지난해 자란 가지에서 생육이 좋은 굵은 가지를 골라 하는데, 순이 2~3개 달리도록 자른 다음 절단면을 정리하고 물에 담가둔다. 대목은 실생 2년 된, 뿌리가 길게 뻗은 사과나무의 동종을 선택한다. 접목할 부분을 비스듬히 자르고 절단면에 칼집을 넣어 접수를 고정한다. 접목한 후, 건조하지 않도록 비닐을 씌운다. 대목에서도 순이 나기 쉬우므로 잘 관찰하며 수시로 순따기를 하여 접수의 순을 키운다.

취목
휘묻이
★★★

1 취목할 위치 정하기
취목할 위치를 정한다. 잘 드는 칼로 가지 둘레 3~4군데의 겉껍질을 깎아낸다.

둘레를 3~4군데 깎는다.

2 겉껍질 깎아내기
가지의 겉껍질을 반달 모양으로 깎는다. 환상박피와 같이 가지의 겉껍질을 둥글게 깎으면 시들 우려가 있는 개체는 반월깎기를 하는 것이 좋다.

3 비닐포트 감싸기
적당한 크기의 비닐포트를 준비하고, 가위로 바닥 구멍까지 칼집을 낸다. 취목할 위치의 가지를 씌우듯이 비닐포트로 둥글게 감싸준다. 절단면을 잘 맞추어 스테이플러로 고정한다. 울퉁불퉁하게 되지 않도록 가지에 고정하듯이 끼우면 좋다.

적옥토

4 흙 채워 넣기
비닐포트에 스테이플러로 끈을 고정하고 그 끈을 가지에 묶어 고정한다. 적옥토를 넣은 후, 물을 준다.

접목
접붙이기
★ ★ ★

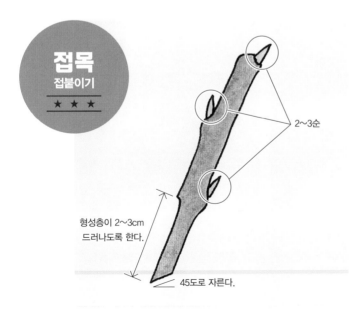

2~3순

형성층이 2~3cm
드러나도록 한다.

45도로 자른다.

1 접수 만들기
충실한 가지를 골라 순이 2~3개 달리도록 반듯하게 자르고, 반대면의 겉껍질도 칼로 깎아낸다.

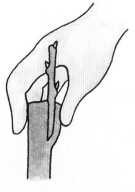

3 접붙이기
대목의 절단면에 접수를 삽입
하고 서로 형성층을 정확하게
맞추어 누른다.

4 접목용 테이프 감기
접목용 테이프를 2～3회 감아
묶는다. 7호 정도의 화분에 적
옥토로 심고, 물을 준 뒤 밝은
날 그늘에서 관리한다.

2 대목의 겉껍질 깎아내기
겉껍질과 목질부 사이에 칼집을 내어 형
성층이 드러나도록 한다. 접수보다 조금
짧게 자르는 것이 요령이다.

용어 정리 — 접목편

대목 : 접목의 받침이 되는 나무. 접본이라고도 한다. 반드시 같은 종일 필요는 없지만, 가능한 한 근연종의 것
(제시대목이라 함)을 사용하는 것이 좋다.

들접 : 대목을 뿌리째 한 번 파낸 뒤에 하는 접목 방법.

자리접 : 대목을 심은 채로 하는 접목 방법.

자웅이주 : 하나의 꽃에 암꽃술과 수꽃술이 함께 있는 것이 아니라, 암꽃술만 있는 암꽃, 수꽃술만 있는 수꽃 2종
류의 꽃이 있어, 각각의 나무에서 한쪽 꽃만 피는 수목. 은행나무, 키위 등이 있다. 수꽃만 피는 수나무는 꽃
이 피어도 열매를 맺지 않는다.

접목용 테이프 : 접목에 사용하는 전용 테이프. (17쪽 참조)

접수 : 접목에 사용하는 가지.

형성층 : 식물의 겉껍질과 목질부 사이에 있는 얇은 층으로, 줄기와 뿌리가 생장하는 부분.

■ **접목의 다양한 방법**(31쪽 참조)
❶ 깎기접 ❷ 배접 ❸ 눈접 ❹ 호접 ❺ 근접(뿌리접)

붉은칠엽수

학 명	*Aesculus pavia* L.
영어명	Red Buckeye
일본명	ベニバナトチノキ
과 명	칠엽수과
다른 이름	칠엽나무

마로니에와 붉은꽃 서양칠엽수의 교잡종으로 높이 10~20m까지 자라는 낙엽교목이다. 5~6월에 원추꽃차례
에 붉은색이나 담홍색 꽃이 무수히 달린다. 열매는 구형이고 잎 가장자리에 톱니가 있다. 키가 커서 넓은 공
원이나 가로수 등에서 볼 수 있다.

관리일정	1월	2월	3월	4월	5월	6월	7월	8월	9월	10월	11월	12월
상태					꽃							
전정		전정										전정
번식			접목									
비료		시비										
병해충						방제						

138

"대목은 실생 2~3년 된 칠엽수를 사용하는 것이 좋다. 접목용 테이프로 단단히 감는다."

2~3월 중순이 접목의 적기이다. 접수는 햇볕이 잘 드는 곳에서 자란 충실한 가지를 선택하여 5~6cm 길이로 자르고 아랫부분을 비스듬하게 다듬는다. 실생 2~3년 된 칠엽수를 대목으로 사용하는 것이 좋다. 가능한 한 곧게 자란 것을 골라 대목으로 쓴다. 그리고 칼로 칼집을 넣어 접수를 삽입하고 접목용 테이프로 고정한다. 통풍이 잘되지 않는 곳에서 부분 차광하여 둔다. 접수의 순에 꽃봉오리가 달려 있으면 따낸다.

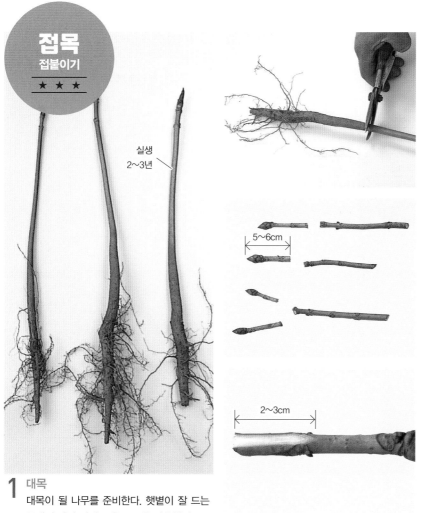

접목
접붙이기
★ ★ ★

실생 2~3년

5~6cm

2~3cm

1 대목
대목이 될 나무를 준비한다. 햇볕이 잘 드는 곳에서 자란 기세 좋은 묘목을 사용한다.

2 대목 자르기
높은 위치에서 접목하면 모양이 좋지 않다. 충실하고 곧게 자란 부분을 전정가위로 자른다. 약간 각도를 주면 좋다.

3 접수
충실한 선단을 5~6cm 길이로 잘라 사용한다.

4 접수 만들기
칼로 절단면을 45도 정도되도록 반듯하게 자르고, 긴 쪽의 겉껍질을 깎아내어 형성층이 2~3cm 드러나도록 한다.

5 대목의 형성층 드러내기
대목의 겉껍질과 목질부 사이에 칼을 2cm 정도 깊이로 넣어 형성층이 드러나게 한다.

6 접붙이기
대목의 형성층과 접수의 형성층을 확실하게 맞붙이는 것이 포인트이다.

7 접목용 테이프 감기
접목용 테이프를 감는다. 대목의 절단면이 건조하지 않도록 테이프를 위에서 씌워 2~3회 단단히 감는다.

8 접목용 테이프 고정하기
접목용 테이프를 감고 단단히 고정하여 묶는다.

9 접목의 완성
접목을 완성하면 5호 전후의 포트나 화분에 심고 물을 충분히 준다.

공기구멍을
뚫어준다.

10 비닐봉지 씌우기
건조하지 않도록 구멍을 뚫은 비
닐봉지를 씌우고 아랫부분을 가
볍게 묶는다.

11 발아
생육이 좋아 대목과 접수 모두
새싹이 돋아난다.

12 순따기
비닐봉지를 벗긴다. 대목의 순을
모두 따내고, 접수의 순은 하나
만 남겨 생육을 촉진한다.

13 순 키우기
⑫에서 이미 활착했기 때문에 순
이 자란다. 이 순이 뻗어나갈 수
있도록 한다.

14 활착 후 접목
2~3개월 후, 여전히 약하므로
직사광선을 피하고 부분 차광하
여 관리한다. 흙이 건조하면 물
을 충분히 준다.

15 수시로 순따기
원기가 왕성한 묘목은 접수가 자
랄 뿐만 아니라, 대목에서도 계
속해서 순이 돋아난다. 그때마다
순따기를 해준다. 작아서 손으로
쉽게 따낼 수 있다.

산딸나무

학 명	*Cornus kousa* F. Buerger ex Hance
영어명	Korean Dogwood
일본명	ヤマボウシ
과 명	층층나무과
다른 이름	들메나무, 미영꽃나무, 준딸나무, 소리딸나무, 애기산딸나무, 굳은산딸나무

높이 5~10m까지 자라는 낙엽교목으로 해가 잘 드는 야산에 자생한다. 흰색 꽃잎으로 보이는 것은 사실은 꽃이 아니라 포이다. 꽃산딸나무와 비슷하지만 산딸나무의 포는 끝이 뾰족하며, 전체적으로 산뜻한 인상을 준다. 가을에 익는 열매는 먹을 수 있다. 붉은 꽃이 피는 붉은꽃산딸나무도 있다.

관리일정	1월	2월	3월	4월	5월	6월	7월	8월	9월	10월	11월	12월
상태						꽃			열매			
전정	전정						전정					전정
번식		삽목 · 접목 · 실생					삽목					
비료		시비										
병해충					방제							

"실생으로 번식한 것은 동일한 형질을 지니지 않을 수 있으므로 원예종은 삽목이나 접목으로 번식시킨다."

자생하는 산딸나무는 대부분 실생으로 번식하지만, 사토미나 밀키위의 원예종은 삽목이나 접목으로 번식시키는 것이 일반적이다. 삽목은 2~3월과 6~8월에 한다. 2~3월에 할 경우는 지난해 자란 충실한 가지를 사용하고, 6~8월에 할 경우는 그해 봄에 자란 기세 좋은 가지를 골라 삽수로 쓴다. 8~10cm 길이로 잘라 절단면을 정리하고 물을 준 다음 녹소토에 꽂는다. 화분갈이는 11월부터 이듬해 3월에 한다. 접목 시기는 2~3월이 적당하다.

삽목
꺾꽂이
★ ★ ★

1 가지 자르기
삽수로 쓸 가지를 자른다. 햇볕이 잘 드는 곳에서 자란 가지를 사용한다.

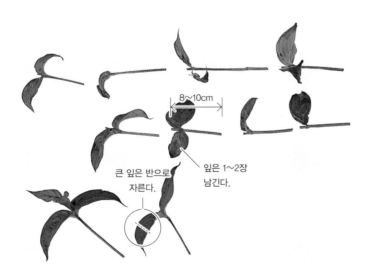

8~10cm

큰 잎은 반으로 자른다.

잎은 1~2장 남긴다.

2 삽수 만들기
❶의 충실한 가지를 8~10cm 길이로 자르고, 잎은 1~2장만 남기고 아랫부분의 잎을 따낸다. 그리고 큰 잎은 반으로 자른다.

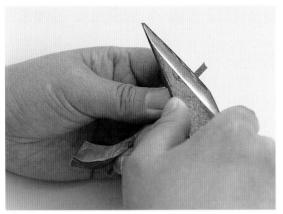

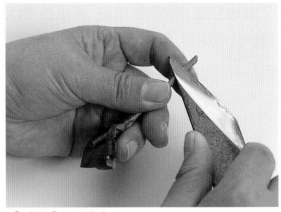

3 삽수의 절단면
삽수의 절단면을 잘 드는 칼로 45도 정도로 반듯하게 자른
다. 가지를 누른 채 칼날 끝으로 밀듯이 자르면 잘 잘린다.

4 형성층 드러내기
❸의 가지 반대면도 칼로 겉껍질을 얇게 벗겨내어 형성층
이 1~2cm 드러나도록 한다. 칼끝으로 가볍게 깎아낸다.

1~2시간

5 삽수의 완성
삽수는 길이를 맞추고 절단면을 정리한다. 절단면이 상하지
않도록 작업은 순서대로 신속하게 진행한다.

6 물주기
물을 담은 용기에 ❺의 삽수를 넣고 1~2시간 동안 담가두
어 물을 충분히 흡수하도록 한다.

녹소토

7 상토에 꽂기
화분에 녹소토를 넣어 평편하게 고르고, 삽
수를 1/2 정도 깊이로 꽂는다. 가능한 한 균
일한 간격으로 꽂으면 좋다.

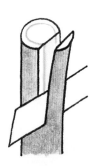

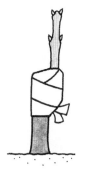

접목
접붙이기
★ ★ ★

1 접수 만들기
충실한 가지를 골라 3~4cm 길이로 반듯하게 자르고, 반대면도 겉껍질을 얇게 깎아내어 접수를 만든다.

2 대목의 겉껍질 벗겨내기
겉껍질과 목질부 사이에 칼집을 넣어 형성층이 드러나도록 한다. 접수의 절단면보다 조금 짧게 한다.

3 접목용 테이프 감기
대목에 접수를 꽂고, 단단히 눌러 접목용 테이프로 감아 묶는다. 화분에 적옥토로 심고 물을 준 뒤, 공기구멍을 뚫은 비닐봉지를 씌워 건조하지 않도록 주의하며 발아를 촉진한다.

실생
종자번식
★ ★ ★

1 채종
과육이 말라 갈색으로 변하면 꼬투리를 손으로 비벼 문질러서 안의 종자를 꺼내고 체로 쳐서 선별한다.

적옥토

2 종자 선별
꼬투리에서 빼낸 종자. 하나의 꼬투리에 쌀알 크기의 작은 종자가 5~6개씩 들어 있다.

3 종자 뿌리기
화분에 적옥토를 채워넣고, 판 등으로 표면을 평편하게 고른다. 그리고 ❷의 종자를 균일하게 흩뿌린다.

4 체로 쳐서 흙 뿌리기
❸의 종자 위에 체를 이용하여 흙을 얇게 뿌린 후 표면의 흙이 흘러나가지 않도록 저면급수를 한다.

산사나무

학 명	*Crataegus pinnatifida* Bunge
영어명	Oriental May-Tree, Mountain Hawthorn
일본명	オオサンザシ
과 명	장미과
다른 이름	찔구배나무

중국 원산으로 높이 2~3m까지 자라는 낙엽교목이며, 정원수나 분재로 인기가 많고 약용목으로 이용되기도 한다. 5~6월에 매화 비슷한 꽃이 무리지어 피고, 10~11월에 붉은 열매를 맺는다. 유럽 원산인 서양산사나무도 있다.

관리일정	1월	2월	3월	4월	5월	6월	7월	8월	9월	10월	11월	12월
상태					꽃					열매		
전정	전정											전정
번식		실생		취목								
비료		시비										
병해충					방제							

"환상박피하여 취목한다.
건조하지 않도록 물을 충분히 보충해주며 관리한다."

4~8월이 취목의 적기이다. 취목할 위치를 결정하면 2~3cm 폭으로 겉껍질을 둥글게 벗기고(환상박피) 철사를 감아둔다. 폭이 좁으면 형성층이 부풀어올라 붙어버리는 경우가 있으므로 주의한다. 줄기에 비닐포트를 씌워 고정하고 적옥토를 채운다. 건조하지 않도록 주의한다. 순조롭게 뿌리를 내리면 4~5개월 후에 잘라서 분리한다. 실생은 2월경에 종자를 심는다. 과육 안의 종자를 분리해 물에 씻은 후 사용한다.

취목
휘묻이
★ ★ ★

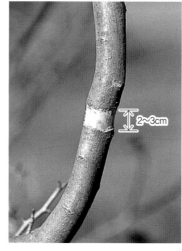

2 겉껍질 깎아내기
잘린 곳에 세로로 칼을 넣어 겉껍질을 목질부까지 조심스럽게 깎아낸다.

1 취목 위치 결정
취목할 위치를 두 군데 정하고 2~3cm 폭으로 둥글게 칼로 깎아낸다. 폭이 좁으면 형성층이 부풀어올라 서로 붙어버리는 경우가 있다.

3 철사 감기
목질부가 드러나면 겉껍질을 깎아낸 바로 아랫부분에 철사를 힘주어 감는다.

4 비닐포트 감싸기
적당한 크기의 비닐포트를 준비하여 바닥 구멍 부분까지 자르고, 구멍에 가지를 넣어 감싼 다음 스테이플러로 고정한다.

5 끈으로 고정하기
비닐포트에 끈을 스테이플러로 고정한 다음, 가지에 튼튼하게 동여매면 더욱 좋다.

적옥토

6 흙 넣기
❺의 비닐포트에 적옥토를 충분히 채워 넣는다.

7 물주기
화분 아래로 물이 흘러내릴 만큼 충분히 준다. 흙이 마르지 않게 수시로 물을 주며 경과를 살핀다.

8 가지 자르기
반년 정도면 뿌리가 내린다. 발근을 확인하면 화분 밑부분을 톱으로 자른다.

9 화분갈이
새 화분을 준비하고 ❽의 취목한 묘목을 적옥토로 심은 후, 충분히 물을 준다.

실생
종자번식
★ ★ ★

1 산사나무의 열매
잘 익은 열매를 따서 과육 안의 종자를 분리해 낸다.

2 종자 씻기
과육에는 발아 억제 성분이 함유되어 있으므로 물로 잘 씻어 낸다.

적옥토

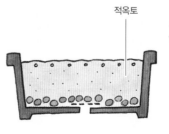

3 종자 심기
넓은 화분의 바닥에 대립의 적옥토를 깔고 소립의 적옥토를 넣어 편평하게 고른 다음 그 위에 종자를 뿌린다. 흙을 가볍게 체로 쳐서 뿌리고 물을 준 뒤 그늘에 둔다.

산수유

학 명	*Cornus officinalis* Siebold & Zucc.
영어명	Japanese Cornelian Cherry, Japanese Cornel
일본명	サンシュユ
과 명	층층나무과
다른 이름	산수유나무

중국과 한국 원산으로 높이 5~10m까지 자라는 낙엽교목이며, 흔히 열매를 약용한다. 3~4월에 지름 4~5cm 의 작고 노란 꽃이 나무 가득 피어 가지 전체를 덮는다. 10월경에는 타원형 열매가 붉게 익는다.

관리일정	1월	2월	3월	4월	5월	6월	7월	8월	9월	10월	11월	12월
상태			꽃							열매		
전정		전정										전정
번식			접목		취목							
비료		시비										
병해충					방제							

"접목을 하려면 전정 후 2~3월이 적기이다.
취목은 곡취법(압조법)으로 한다."

원예종은 접목으로 번식시키는 것이 일반적이다. 산수유의 경우, 낙엽기인 2~3월에 한다. 충실한 순이 2~4개 붙은 가지를 골라, 절단면을 비스듬하게 자른다. 대목으로는 2~3년생인 기운 좋은 실생묘목을 사용한다. 접목 위치에서 대목을 비스듬하게 자르고 겉껍질과 목질부 사이를 깎아 접수를 삽입한 다음 접목용 테이프로 고정한다.

4~8월에는 곡취법(압조법)이 가능하다. 포기에서 뻗어 나온 아래쪽의 가지를 휘어 고정하고, 성토하여 발근을 촉진한다.

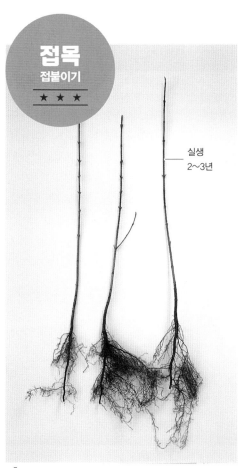

접목
접붙이기
★ ★ ★

실생
2~3년

1 대목
2~3월이 적기이다. 대목으로 충실한 묘목을 사용한다.

2 대목 자르기
접목 작업을 하기 쉬운 위치를 사용한다. 곧게 자라 접목하기 쉬운 부분을 자른다.

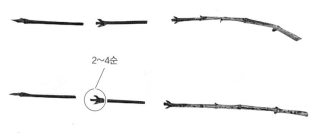

2~4순

3 접수
충실한 가지로, 순이 2~4개 달리도록 가지를 자른다. 절단면이 건조하지 않도록 주의한다.

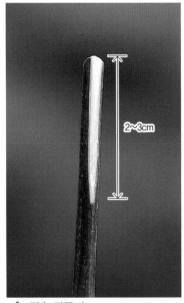

4 접수 만들기
잘 드는 칼로 ❸의 가지를 반듯하게 깎아 형성층을 2~3cm 드러낸다.

5 대목의 형성층 드러내기
대목의 겉껍질과 목질부 사이에 잘 드는 칼로 찔러 넣듯이 깎아 형성층을 드러낸다.

6 접붙이기
대목과 접수의 형성층을 맞추고, 접목용 테이프를 위에서 씌우듯이 하여 튼튼하게 감는다.

적옥토

7 화분에 심기
5호 비닐포트나 플라스틱 화분에 적옥토를 채우고 ❻의 접목묘를 심는다.

공기구멍을 뚫어준다.

8 비닐봉지 씌우기
건조하지 않도록 구멍을 뚫은 비닐봉지를 씌운다.

9 발아
3개월 정도 지난 접목의 묘목. 대목과 접수 모두 새싹이 돋아난다.

10 순따기
대목의 순을 모두 따내고, 접수의
순 1개만 남겨둔다.

1개만
남긴다.

11 순 키우기
원기 있는 순 하나만 남기고, 수
시로 순을 따낸다. 건조하지 않
도록 살핀다.

12 접목 이후
생육이 좋아, 반년이 지나면 1m
정도로 자란다. 강한 햇빛이 직
접 닿지 않도록 주의한다.

취목
휘묻이
★ ★ ★

곡취법(압조법)을 한 묘목
취목의 한 방법으로, 가지를 휘묻어 번식시키는 것이다. 그
이름 그대로 가지를 휘고, 칼로 휜 부분의 겉껍질을 깎아낸
뒤 땅에 심어 뿌리가 내리게 한다. 줄기가 조금 휜 듯한 것은
이 때문이다. 초보자도 쉽게 할 수 있다.

수국

학 명	*Hydrangea macrophylla* (Thunb.) Ser.
영어명	Hydrangea
일본명	アジサイ
과 명	범의귀과
다른 이름	분수국, 수구, 수국화, 자양화, 감차

동남아시아 원산으로 높이 1~2m까지 자라는 낙엽관목이며, 히드란제아 마크로필라, 서양수국(하이드렌지아) 등 다양한 종류가 있다. 꽃은 6~7월에 피는데, 봉긋하고 둥근 형태의 꽃처럼 보이는 것은 꽃받침조각이며, 실제 꽃은 중앙 부분에 있다. 흙의 산성도에 따라 꽃의 빛깔이 달라진다.

관리일정	1월	2월	3월	4월	5월	6월	7월	8월	9월	10월	11월	12월
상태						꽃						
전정		전정									전정	
번식			삽목			삽목						
비료			시비				시비					
병해충					방제							

"수국은 봄삽목과 여름삽목으로 번식한다.
물을 충분히 주는 것이 요령이다."

수국의 삽목에는 봄삽목과 여름삽목이 있다. 봄삽목은 2~3월 새싹이 나기 전에 지난해 뻗은 가지에서 튼튼하고 알찬 가지를 고르고, 여름삽목은 6~8월에 새 가지(신초) 중에서 마디 사이가 막힌 가지를 고른다. 삽수는 8~10cm로 자른다. 여름삽목의 경우 위쪽의 잎 1~2장만 남기고 아래쪽 잎을 따낸 다음 잎을 반으로 자른다. 절단면은 비스듬하게 자르고 물을 충분히 흡수하게 한 다음 상토에 꽂아 부분 차광한다. 묘목이 생육하는 이듬해 봄에 화분갈이를 한다.

삽목
꺾꽂이
★ ★ ★
여름

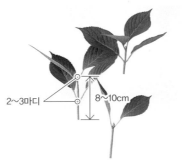

2~3마디　8~10cm

2 삽수 고르기
2~3마디를 기준으로 8~10cm 길이로 나누어 자른다. 잎과 줄기가 튼실하고 새싹이 충실한 가지를 사용하며, 연약한 새싹은 적합하지 않다.

잎은 1~2장 남기고 반으로 자른다.

아래쪽의 잎을 떼어낸다.

3 삽수 만들기
줄기의 길이를 맞춘 다음, 잎을 1~2장만 남기고 아랫부분의 잎을 떼어낸다. 남아 있는 잎은 반으로 자른다.

4 삽수의 절단면
삽수의 절단면이 45도 정도로 되도록 칼로 반듯하게 자른다. 또, 가지의 반대면도 형성층이 1~2cm 드러나도록 겉껍질을 얇게 깎는다.

1 삽목할 가지 자르기
6~8월이 적기이다. 햇볕이 잘 드는 곳에서 자란 묘목 가지를 사용하는데, 봄에 자란 새 가지에서 마디 사이가 막히고 원기 있는 것을 골라 사용한다.

5 물주기
삽수는 물을 담은 용기에 30분
~1시간 동안 담가 물을 충분
히 흡수하게 한다.

30분~1시간

6 삽수 꽂기
넓은 화분에 녹소토를 체에
걸러 넣고 평편하게 고른다.
1/2 정도 깊이로 꽂는다.

녹소토

7 발근한 삽수
오래지 않아 새싹이 움트면서 뿌리를
내린다. 화분갈이는 이듬해 봄에 한다.

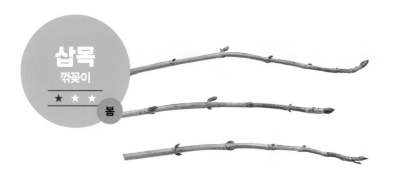

삽목
꺾꽂이
★ ★ ★
봄

1 삽수로 쓸 가지 자르기
2~3월에 하는 삽목을 봄삽목이라
하며, 지난해 자란 튼실한 가지를 사
용한다.

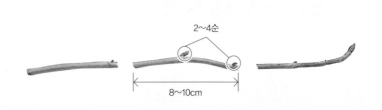

2~4순

8~10cm

2 삽수 고르기
순이 2~4개 붙어 있는 가지를
8~10cm 길이로 자른다. 충실한 가
지를 사용하며, 절단면에 녹색의 형
성층이 보이지 않거나 부드러운 가
지는 피한다.

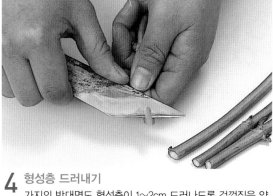

3 삽수 만들기

절단면이 45도 정도가 되도록 칼로 반듯하게 자른다. 가지를 움직이지 않도록 고정한 뒤 칼로 밀어내듯이 자르면 좋다.

4 형성층 드러내기

가지의 반대면도 형성층이 1~2cm 드러나도록 겉껍질을 얇게 깎는다. 물을 흡수하는 절단면의 면적을 크게 하는 것이 목적이다.

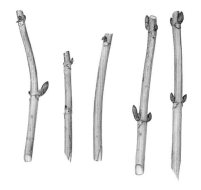

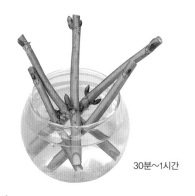

30분~1시간

5 삽수의 완성

삽수의 길이를 맞추고 절단면을 정리한다. 길이가 제각각 다르면 관리하기 어렵다.

6 물주기

삽수는 30분~1시간 동안 물에 담가 물을 충분히 흡수하도록 한다.

적옥토

7 삽수 꽂기

화분에 적옥토를 넣고, 삽수를 1/2 정도 깊이로 꽂는다. 균일하게 꽂는 것이 요령이다.

8 삽목의 완성

물을 충분히 주고, 온실과 같이 따뜻한 장소에서 관리한다.

정원수(상록수)

과 수

관엽식물

양골담초

학 명	*Cytisus scoparius* (L.) Link.
영어명	Common Broom, Scotch Broom
일본명	エニシダ
과 명	콩과
다른 이름	금작화, 서양골담초

유럽 원산으로 높이 1.5~3m까지 자라는 낙엽관목이며, 금작화(金雀花)라고도 한다. 유럽에서는 가지를 솎아 빗자루를 만들어 쓰기 때문에 '빗자루 나무'로 불리기도 한다. 4~5월에, 가는 가지에 나비 모양의 선명한 노란색 꽃이 무리지어 핀다.

관리일정	1월	2월	3월	4월	5월	6월	7월	8월	9월	10월	11월	12월
상태				꽃						종자		
전정	전정					전정						전정
번식		삽목	삽목·실생				삽목					
비료		시비										
병해충					특별히 없음							

"삽목과 실생으로 번식 가능하며, 성공하기 쉬운 쪽은 삽목!"

삽목은 2~3월의 봄삽목과 6~8월의 여름삽목이 가능하다. 봄삽목에는 지난해 자란 충실한 가지를 고르고, 여름삽목으로는 그해 봄에 자란 원기 있는 가지를 사용한다. 둘 다 8~10cm 길이로 맞춘 후, 잘 드는 칼로 절단면을 정리하고 30분~1시간 정도 물에 담가 충분히 물을 흡수하게 한다. 넓은 화분에 녹소토를 넣어 상토를 만들고, 가지를 1/2 정도 깊이로 꽂는다. 삽목 작업이 끝나면 충분히 물을 주고, 밝은 날 그늘에서 관리한다. 건조하지 않도록 수시로 물을 주며 발근을 촉진한다. 봄삽목은 가을경, 여름삽목은 이듬해 3월경 적옥토에 화분갈이를 할 수 있다.

실생은 10월경에 꼬투리를 채취하여 잘 익은 종자를 채종한다. 종이봉투에 넣어 보관해두었다가 이듬해 3월경에 뿌린다. 발아하기 힘들어 미온수에 한동안 담가둔 후 심는 것이 좋다. 묘목이 무성해지면 솎아주고 이듬해 3월경 화분갈이를 한다.

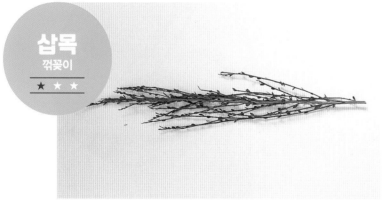

삽목
꺾꽂이
★ ★ ★

1 삽목할 가지 자르기
6~8월에 하며, 봄부터 자란 새 가지로, 마디 사이가 막힌 원기 있는 가지를 사용한다.

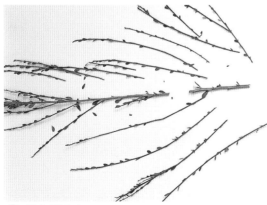

2 삽수 고르기
2~3마디를 기준으로 하여 8~10cm 길이로 자른다. 잎과 줄기가 튼실한 가지를 사용하며 부드러운 새싹은 피한다.

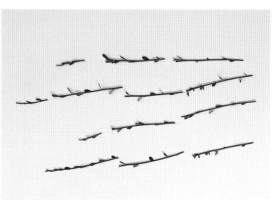

3 삽수 만들기
줄기의 길이를 맞추고, 잎은 몇 장만 남기고 아랫부분의 잎을 따낸다. 손으로 가지를 훑으면 잎이 쉽게 떨어진다.

4 삽수의 완성

삽수의 길이를 맞추고 절단면을 정리한다. 길이가 제각각 다르면 관리하기 어렵다.

5 삽수의 절단면

칼을 이용하여 삽수의 절단면을 45도 각도로 반듯하게 자른다. 반대면도 겉껍질을 얇게 깎아낸다.

30분~1시간

6 물주기

물을 담은 용기에 삽수를 30분~1시간 정도 담가 충분히 물을 준다.

녹소토

7 삽수 꽂기

넓은 화분에 체로 친 녹소토를 넣고 평편하게 고른 다음, 1/2 정도 깊이로 균일하게 꽂는다.

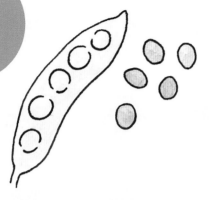

정원수(낙엽수)

정원수(상록수)

과수

관엽식물

실생
종자번식
★ ★ ★

적옥토

1 양골담초의 열매
잘 익은 종자를 사용하는데, 열매 꼬투리에서 종자
를 분리한다.

2 종자 심기
넓은 화분에 소립의 적옥토를 넣고 종자를 심는다.
위에서 흙을 체로 가볍게 쳐서 뿌리고 물을 준 뒤 밝
은 날 그늘에서 관리한다.

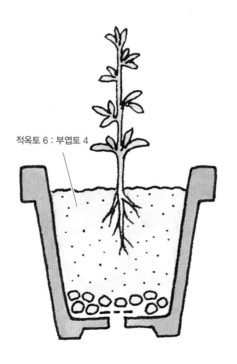

적옥토 6 : 부엽토 4

3 화분갈이
뿌리가 내린 것을 확인하면 화분갈이를 한다. 화분 바
닥에 자갈을 깔고, 적옥토와 부엽토(6:4)를 섞어 용토
로 사용한다.

은행나무

학 명	*Ginkgo biloba* L.
영어명	Maidenhair Tree
일본명	イチョウノキ
과 명	은행나무과
다른 이름	행자목, 공손수

높이 45m, 줄기 둘레 2m까지 자라는 낙엽교목이다. 가로수나 공원, 절 등의 수목으로 많이 이용된다. 잎은 너비 5~7cm의 부채 모양이며, 가을에는 노란색으로 아름답게 물든다. 암수딴그루이고, 암그루에 열매인 은행이 열린다.

관리일정	1월	2월	3월	4월	5월	6월	7월	8월	9월	10월	11월	12월
상태					꽃					노란잎		
전정		전정									전정	
번식		삽목·접목·실생			취목		삽목·취목	취목				
비료			시비				시비					
병해충						방제						

"은행나무는 암수딴그루이다.
열매가 열리는 암나무를 선택하여 번식시킨다."

은행나무는 번식력이 왕성하여 삽목, 접목, 실생 등 어떠한 방법으로도 번식시킬 수 있다.

접목 시기는 2~3월이며 깎기접이 일반적이다. 접수는 지난해 자란 가지에서 튼실한 것을 골라, 곁순이 3~4개 붙어 있도록 5~6cm 길이로 자른다. 접붙일 반대면도 깎아둔다. 대목으로는 실생 2~3년 된 어린 묘목을 이용하며, 접붙일 부분에서 자른다. 절단면에 접수를 삽입하고, 접목용 테이프로 고정한다. 1년 후, 접수가 활착되면 테이프를 제거하고 대목에서 나온 순은 따낸다. 접수는 실생에서는 그 수가 적은 암그루에서 취하는 것이 좋다.

가장 간단한 삽목 방법은 새싹이 나기 전인 2~3월이 적기이다. 삽수는 지난해 자란 튼실한 가지를 8~10cm 길이로 자른 후 아랫부분의 잎을 따낸다. 절단면을 정리하고 물을 흡수하도록 한다. 상토에 꽂아 물을 준 뒤, 직사광선을 피하도록 부분 차광하며 관리한다. 그 상태로 2년 정도 두고, 낙엽기인 3월경에 옮겨 심는다.

실생은 11월경 채취한 열매에서 과육과 분리한 종자를 사용하여, 채종 후 곧바로 파종하거나 이듬해 2~3월에 파종한다. 종자를 보존할 때는 냉암소에 두거나 과육이 있는 채로 흙에 묻어둔다.

접목
접붙이기
★ ★ ★

실생 2~3년

1 대목
2~3월이 적기이며, 깎기접이 일반적이다. 실생 2~3년 된 충실한 것을 대목으로 사용한다.

2 대목 자르기
심었을 때 흙에서 10cm 정도 올라올 수 있도록 자른다. 똑바로 자라, 접붙이기 쉬운 부분에서 자른다.

10cm

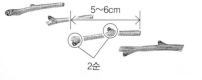

5~6cm

2순

3 접수
충실한 가지로, 순이 2개 정도 붙은 가지를 자른다. 절단면이 건조하지 않도록 주의한다.

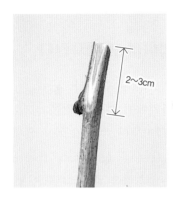

4 접수 만들기
잘 드는 칼로 ❸에서 자른 접수의 겉껍질을 반듯하게 깎아내어 형성층을 2~3cm 드러낸다.

2~3cm

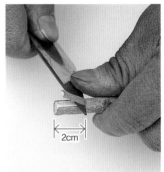

2cm

5 대목의 형성층 드러내기
대목의 겉껍질과 목질부 사이에 칼집을 넣어 형성층이 보이도록 한다.

6 대목의 완성
2cm 정도 칼집을 넣는다. 접수의 절단면을 대목보다 길게 하는 것이 포인트이다.

7 접붙이기
대목과 접수의 형성층을 맞추고, 접목용 테이프로 단단히 고정한다.

8 접목의 완성
대목의 절단면이 건조하지 않도록 주의하며 신속하게 테이프를 감는다.

공기구멍을 뚫는다.

9 비닐봉지 씌우기
화분에 심은 후 구멍을 뚫은 비닐봉지를 씌워 건조하지 않도록 한다.

10 발아
대목과 접수 모두 새싹이 돋아난다.

11 순따기
비닐봉지를 제거한다. 대목의 순을 모두 따내고, 접수의 순은 하나만 남겨둔다.

순을 1개만 남긴다.

12 순 키우기
건강한 순 1개만 남기고 순따기를 계속하며 생장을 촉진한다.

13 활착
⑩의 시점에 이미 활착하고 있지만, 순이 좀 더 자란다. 반년이 지나면 잎이 무성해지고 왕성하게 자란다. 너무 강한 햇볕에 노출되지 않도록 주의한다.

14 이후의 상태
대목에서도 계속해서 순이 자라기 때문에 수시로 대목의 순을 따준다.

Check Point

은행나무 접목묘의 밭

오른쪽 2장의 사진은 접목묘 밭이다. 굵은 줄기에 접목용 테이프가 감긴 부분이 접목을 한 부분이다. 은행나무의 접목 밭에는 1m가량의 대목이 나란히 줄지어 있다. 생육이 왕성한 은행나무는 이렇게 굵은 줄기에도 간단히 접목할 수 있다. 은행나무는 가로수로 이용할 뿐만 아니라, 종자인 은행을 식용하기 때문에 이와 같은 방법으로 열매가 크고 많은 종류를 접목하는 것이다. 접목하면 활착 후 바로 열매를 수확할 수 있어 효과적이다. 수개월 후, 이 밭의 은행은 모두 사라졌다. 은행을 수확하기 위한 밭이었던 게 분명하다.

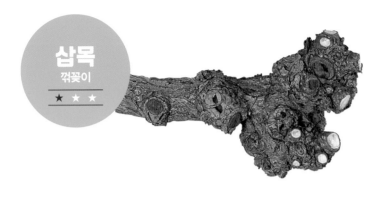

1 가지 자르기
삽수가 될 가지를 자른다. 생육이 좋아 굵은 부분도 가능하며, 굵은 가지는 톱으로 자른다. 은행나무는 전정을 반복하기 때문에 이와 같이 표면이 혹처럼 융기한 경우가 많다.

3 삽수의 완성
물을 흡수하기 쉽고 발아하기 쉽도록 겉껍질을 깎아낸다.

2 형성층 드러내기
톱으로 잘라 형성층에 상처가 났다면 칼로 다시 다듬어준다. 잘 드는 칼로 겉껍질을 비스듬한 각도로 반듯하게 자른다. 가지 주위를 모두 잘라준다.

녹소토

4 화분에 심기
깊은 화분에 녹소토를 넣고 은행나무의 삽수를 심는다.

5 이후의 상태
3개월이 지나면 잎이 자란다. 2년 정도 지나면 뿌리가 내리며, 뿌리가 잘 자라면 낙엽기인 3~4월에 화분갈이를 한다.

취목
휘묻이
★ ★ ★

둘레를
3~4군데 깎아낸다.

1 취목할 부분 깎기
취목할 위치를 정하고, 줄기 둘레 3~4군데에 반
달 모양으로 겉껍질을 깎아낸다.

2 물이끼로 감싸기
줄기를 미리 물에 적
셔둔 물이끼로 감싸
고 비닐을 씌워 끈으
로 동여맨다.

3 화분갈이
뿌리가 내린 것을 확
인한 뒤, 취목 부위의
뿌리를 잘라 물이끼
를 조심스럽게 떼어
내고 화분에 심는다.
용토로는 적옥토를
사용한다.

적옥토

실생
종자번식
★ ★ ★

1 은행나무의 종자
'은행'이라 불리며,
식용한다. 과육을
제거하고 물에 잘
씻어둔다.

2 종자 심기
넓은 화분에 적옥
토를 넣고, 균일하
게 심는다. 위에서
흙을 뿌린 후 물을
준다.

적옥토

Check Point

물이끼 대신 적옥토 사용

적옥토

물이끼를 감
고 비닐을 씌우
는 방법 대신, 비닐
포트를 잘라 줄기
를 감싸고 절단면
을 스테이플러로
고정하여 적옥토를 넣고 취목하는 방
법도 있다. 포트를 설치하기 쉬운 위
치를 고르고, 흙이 넘치지 않도록 한
다. 접목, 삽목, 실생 모두 활착하기
쉽다.

일본고광나무

학 명	*Philadelphus satsumi* Siebold ex Lindl. et Paxton
일본명	バイカウツギ
과 명	범의귀과
다른 이름	쇠영꽃, 오이순, 산매화

높이 2~4m까지 자라는 낙엽관목으로 4~5월에 매화 비슷한 흰 꽃이 피는데, 꽃잎이 비교적 크다. 짙게 감도는 멋스러움이 있으며 적은 양에도 향기롭다. 병꽃나무와 같이 줄기에 공동(空洞)이 나 있고, 새잎에는 톱니가 있다. 정원수, 울타리 등으로 이용된다.

관리일정	1월	2월	3월	4월	5월	6월	7월	8월	9월	10월	11월	12월
상태				꽃					열매			
전정		전정										전정
번식	분주	분주·삽목				삽목					분주	
비료		시비										
병해충						방제						

"삽수는 1~2시간 동안 물에 담가 물을 충분히 흡수하게 한다. 지난해 자란 가지는 회색이고 새로 뻗어 나온 가지는 적갈색이다. 사용하기에는 새 가지가 좋다."

삽목은 2~3월의 봄삽목과 6~8월의 여름삽목을 한다. 봄삽목은 지난해 자란 충실한 가지를 이용하고, 여름삽목은 봄에 자란 기세 좋은 가지를 선택한다. 가지를 8~10cm 길이로 자르고, 잘 드는 칼로 45도 각도로 반듯하게 자른 후 반대면도 겉껍질을 얇게 깎아낸다.

여름삽목의 경우 잎을 1~2장 남기고, 아랫부분의 잎을 따낸다. 1~2시간 물에 담가 물을 충분히 흡수하도록 하고, 녹소토 또는 적옥토에 삽수를 반 정도 깊이로 꽂는다. 삽목이 끝나면 충분히 물을 주고, 부분 차광하여 관리한다. 뿌리가 내리면 점차 햇볕이 잘 드는 곳으로 옮겨 관리하고 이듬해 3월경 화분갈이를 한다.

분주는 낙엽기인 12~3월이 적기이다. 큰 포기로 자라면 분주하여 번식시킨다. 2~3개의 순을 한 포기로 하며, 뿌리의 상태가 좋지 않을 때는 증산작용을 억제하고 뿌리의 성장을 촉진하기 위해 윗부분의 가지를 솎아내는 정도로 전정을 하면 좋다.

삽목
꺾꽂이
★ ★ ★

1 삽수로 쓸 가지 자르기
2~3월에 작업하는 것이 일반적이다. 지난해 자란 충실한 가지를 사용한다. 햇볕이 잘 드는 곳에서 자란 기세 좋은 가지를 고른다.

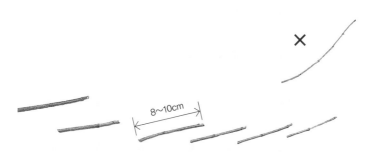

8~10cm

×

2 삽수 고르기
순이 2~4개 달리도록 가지를 8~10cm 길이로 자른다. 너무 가늘거나 튼튼하지 않은 것은 사용하지 않는다.

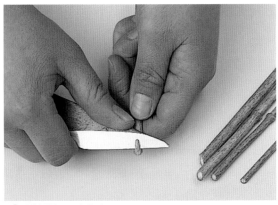

3 삽수 만들기
절단면을 45도 각도로 자른다.

4 형성층 드러내기
❸의 반대면도 겉껍질을 얇게 깎아낸다.

1~2시간

5 삽수의 완성
접수를 만들 때, 잎이 떨어지는 시기에 작업하므로 가지의
위아래를 혼동하지 않도록 순이 나는 방향을 잘 살핀다.

6 물주기
삽수는 길이를 균일하게 맞추고, 1~2시간 동안 물에 담가
충분히 물을 흡수하도록 한다.

녹소토

7 삽수 꽂기
화분에 녹소토 또는 적옥토를 넣고, 삽
수를 1/2 정도 꽂는다.

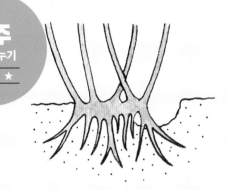

분주
포기나누기
★ ★ ★

8 삽목의 완성
삽목을 끝낸 후 충분히 물을 준다. 온실과 같이
따뜻한 곳에서 그늘에 두고 관리한다.

1 포기 파내기
2월 하순~3월경 낙엽기가 가장 좋다. 크게 자란 포기를 골라
뿌리 쪽을 파낸다.

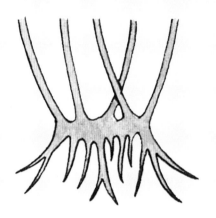

9 발근
반년 정도 지나면 새싹이 나고 가는뿌리가 많
이 자란다. 3호 비닐포트나 화분에 적옥토를
사용하여 옮겨 심는다.

2 포기나누기
점선과 같이 잘라서
나누기 쉬운 부분을
톱으로 자른다.

3 옮겨심기
각각의 포기를 옮겨 심고 충
분히 물을 준 뒤에 포기를
흔든다. 이렇게 하면 흙이
뿌리 주위의 빈 공간으로 들
어가 밀착된다.

작살나무

학 명	*Callicarpa japonica* Thunb.
영어명	East Asian beautyberry
일본명	ムラサキシキブ
과 명	마편초과
다른 이름	송금나무, 갈잎떡갈나무

높이 2~3m까지 자라는 낙엽관목이며, 열매가 보기 좋아 정원수로 사랑받는다. 6~7월에 연보라색 작은 꽃이 피지만, 열매가 맺히는 가을이 더욱 볼 만하다. 지름 3mm 정도의 구슬 같은 열매가 휘어지게 열려, 나무 전체를 보라색으로 물들인다.

관리일정	1월	2월	3월	4월	5월	6월	7월	8월	9월	10월	11월	12월
상태						꽃				열매		
전정		전정										전정
번식			삽목				삽목			실생		
비료		시비										
병해충						특별히 없음						

"삽목은 이듬해 3월이 화분갈이의 적기이며, 건조에 주의한다.
정원수로 사랑받는 작살나무는 실생으로 번식한다."

삽목은 2~3월의 봄삽목과 6~8월의 여름삽목이 가능하다. 봄삽목은 지난해 자란 가지에서 충실한 것을 골라 8~10cm 길이로 삽수를 자른다. 아래쪽 순을 따내고 절단면을 비스듬하게 정리하여 30분 ~1시간 동안 물에 담가두었다가, 넓은 화분 등에 적옥토를 넣고 상토를 만들어 꽂는다. 여름삽목은 그해 봄에 자란 새 가지에서 충실한 가지를 골라, 길이 10cm 정도로 잘라 절단면을 비스듬하게 정리한다. 잎은 1~2장만 남기고 아래쪽 잎을 따낸 다음 물을 주고 꽂는다. 삽목 후 1개월은 부분 차광하여 관리한다. 봄삽목, 여름삽목 모두 이듬해 3월이 화분갈이 하기에 적절한 시기이다. 용토로는 적옥토와 부엽토의 6:4 혼합토를 사용한다. 뿌리가 가늘어 옮겨 심을 때 주의한다.

작살나무는 실생으로 번식이 가능하다. 10월 중순~11월에 종자를 채취하여 뿌린다. 과육을 뭉개어 안의 종자를 빼내고, 물로 잘 씻어 과육을 제거한 후에 심으면 발아하기 쉽다.

삽목
꺾꽂이
★ ★ ★

1 가지 자르기
2~3월에 한다. 삽목으로 사용할 가지를 자른다. 햇볕이 잘 드는 곳에서 자란 건강한 가지를 사용한다.

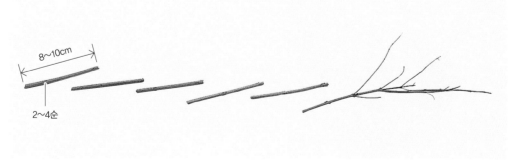

8~10cm

2~4순

2 삽수 자르기
각각 순이 2~4개 달리도록 8~10cm 길이로 가지를 나누어 자른다. 너무 가는 부분은 사용하지 않는다.

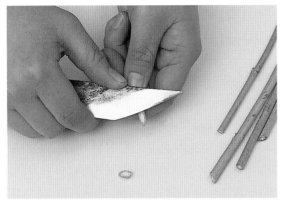 

3 삽수 만들기
잘 드는 칼을 이용하여 45도 각도로 비스듬하게 반듯이 자른다. 손가락을 베지 않도록 주의한다.

4 형성층 드러내기
❸의 가지를 반대로 하여 겉껍질을 얇게 깎아내고 형성층이 드러나도록 한다.

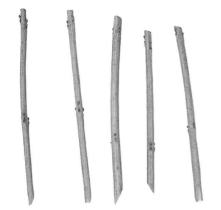 

30분~1시간

5 삽수의 완성
길이를 맞추고 절단면을 정돈하여 삽수를 완성한다. 절단면에서 형성층을 볼 수 있다.

6 물주기
삽수는 30분~1시간 동안 물에 담가 물을 충분히 흡수하도록 한다.

적옥토

7 삽수 꽂기
화분에 적옥토를 채워 넣고 삽수를 꽂는다.
1/2 정도 깊이로 균일하게 꽂는다.

8 삽목의 완성
삽목을 마치면 물을 충분히 주고, 온실같이 따뜻한 곳에 두며 부분 차광으로 관리한다.

9 발근한 삽목
반년 정도 지나면, 사진 정도 크기로 자란다. 녹소토에 꽂은 경우는 뿌리가 하얗게 된다. 적옥토를 이용하여 화분갈이를 한다.

실생
종자번식
★ ★ ★

1 작살나무의 열매
청자색이 아름다운 열매. 잘 익은 것을 골라 채취한다.

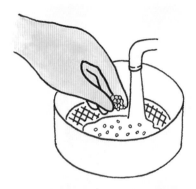

2 종자 채취하기
과육을 뭉개어 물로 잘 씻고 종자를 빼낸다. 과육에는 발아를 억제하는 물질이 함유되어 있으므로 깨끗하게 씻는다.

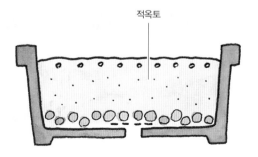

적옥토

3 종자 심기
넓은 화분에 소립의 적옥토를 채워 넣고 종자를 흩뿌린다. 흙을 체로 쳐서 뿌리고 물을 충분히 주어, 그늘에서 관리한다.

장미

학 명	*Rosa hybrida* Hortorum
영어명	Rose
일본명	バラ
과 명	장미과
다른 이름	장미화, 장미꽃

높이 1~3m까지 자라는 낙엽관목으로 품종에 따라 꽃이 피는 시기나 기간 및 모양과 빛깔 등이 매우 다양하다. 향기 나고 기품 있는 꽃으로 인기가 있으며, 새로운 품종 개량으로 풍부한 색과 형태를 갖춘 그야말로 꽃의 여왕이다.

관리일정	1월	2월	3월	4월	5월	6월	7월	8월	9월	10월	11월	12월
상태					꽃	꽃			꽃	꽃		
전정		전정					전정					전정
번식		접목	접목·삽목			삽목	삽목	삽목				
비료		시비										시비
병해충					방제	방제	방제					

"접목은 원종인 찔레꽃을 사용하여 깎기접을 한다. 덩굴장미는 삽목으로 번식시킨다."

2~3월이 접목의 적기로, 깎기접을 하는 것이 일반적이다. 접수로는 지난해 자란 가지를 골라 순이 2~4개 달리도록 5~8cm 길이로 자르고, 아랫부분을 비스듬하게 자른다. 대목으로는 찔레꽃의 실생 2년 된 묘목을 고른다. 대목을 자르고, 겉껍질과 목질부 사이에 칼집을 낸다. 접수를 대목의 절단면에 삽입하고, 형성층을 맞추어 접목용 테이프로 고정한다.

덩굴장미나 미니장미는 삽목으로 번식시킬 수 있다. 3월경과 6~8월이 적당한 시기이다.

접목
접붙이기
★ ★ ★

실생 2년

1 대목
2~3월에 한다. 대목이 될 나무로 실생 2년 정도의 기세 좋은 묘목을 준비한다.

2 대목 자르기
충실하며 접목하기 쉬운 위치에서 대목을 자른다. 너무 높은 위치에서 잘라 접목하면 모양이 좋지 않다.

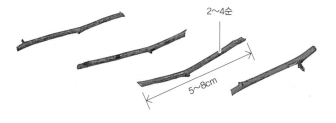

2~4순

5~8cm

3 접수
접수를 만들 때는 충실한 가지로 순이 2~4개 달리도록 가지를 자른다. 튼실한 끝부분도 사용할 수 있다.

2~3cm

4 접수 만들기
절단면을 칼로 45도 정도 되도록 반듯하게 자른다. 반대면도 겉껍질을 얇게 깎아 형성층이 2~3cm 드러나도록 한다.

5 대목의 형성층 드러내기
잘 드는 칼로 대목의 각을 조금 깎아
내면 형성층이 뚜렷하게 보인다.

6 대목의 완성
약 2cm 깊이로 칼집을 낸다. 겉껍질
을 젖히면 형성층의 막 형태를 알 수
있다. 그 부분에 접수의 형성층을 맞
춘다.

7 접붙이기
대목의 형성층과 접수의 형성층을 확
실하게 맞추는 것이 포인트이다. 접
수의 형성층을 대목의 형성층보다
5mm 정도 길게 하면 접붙이기 쉽다.
건조해지기 전에 신속하게 한다.

8 접목용 테이프 감기
❼에 접목용 테이프를 감는다. 대목
의 절단면이 건조하지 않도록 테이
프를 위에서 씌우고 2~3회 단단히
감싸 묶는다.

9 접목의 완성
5호 정도의 포트나 화분에 심고, 구
멍 뚫은 비닐봉지를 씌워 건조하지
않도록 한다.

10 발아
대목과 접수 모두 새싹이 돋아난
다. 이렇게 자라면 봉지를 제거해
도 좋다.

2순 정도 남긴다.

11 순따기
대목의 순은 모두 따낸다. 대목의 순을 그대로 두면 양분을 빼앗기게 된다. 접수의 순 가운데 남겨놓을 순을 결정하지 못한 경우에는 2순 정도 남겨두고 어느 정도 클 때까지 지켜본다.

12 순 키우기
대목은 수시로 순따기를 한다. 생육이 좋은 것은 계속해서 순이 자라기 때문에 수시로 순따기를 해야 한다.

13 활착
접수의 순은 기세 좋은 하나의 순만 남겨 키운다.

삽목
꺾꽂이
★ ★ ★

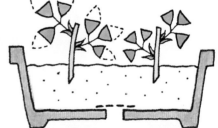

덩굴장미의 삽목
8~10cm 길이로 잘라 아랫부분의 잎을 따내고, 큰 잎은 반으로 자른다. 1시간 정도 물에 담가두었다가 넓은 화분에 녹소토나 적옥토를 넣고 꽂는다. 물을 준 뒤에 밝은 날 그늘에서 관리한다.

좀히어리

학 명	*Corylopsis pauciflora* Siebold & Zucc.
영어명	Buttercup Witch Hazel, Winter Hazel
일본명	ヒュウガミズキ
과 명	조록나무과
다른 이름	드문히어리

높이 2~3m까지 자라는 낙엽관목으로 3~4월에 꽃을 피우는데, 꽃은 총상꽃차례(긴 꽃대에 꽃자루가 있는 여러 개의 꽃이 어긋나게 붙어 밑에서부터 피기 시작하는 꽃차례)로 드리우며, 노란 꽃이 1~3개씩 가지에 빽빽하게 달린다. 10월경 열매가 열린다. 도사물나무보다 조금 작으며, 꽃과 잎이 작고, 가지가 가는 것이 특징이다. 뿌리 쪽부터 가지가 갈라져 나오며 자란다.

관리일정	1월	2월	3월	4월	5월	6월	7월	8월	9월	10월	11월	12월
상태				꽃								
전정		전정									전정	
번식	분주	분주·삽목					삽목				분주	
비료			시비				시비					
병해충							방제					

"삽목의 용토로는 녹소토를 사용하며, 반 정도 깊이로 꽂는 것이 요령이 다. 잎이 나기 전에 꽃이 달리지만, 그 꽃이 피기 전에 가지를 자른다."

삽목은 2~3월에 한다. 지난해 뻗어 나온 새 가지 가운데 햇볕이 좋은 장소에서 자란 굵은 가지를 고른다. 순이 2~4개 달리도록 8~10cm 길이로 가지를 잘라 삽수를 만든다. 잘 드는 칼을 이용하여 45도 각도로 반듯하게 자르고, 반대면 겉껍질을 조금 깎아낸다. 30분~1시간 동안 물에 담가 물을 충분히 흡수하게 한다. 배수를 위해 6호의 넓은 화분 바닥에 중립의 녹소토를 화분 구멍이 덮일 정도로 깔고, 그 위에 소립의 녹소토를 채워 넣고 표면을 평편하게 골라 상토를 만든다. 삽수는 막대로 구멍을 뚫어 꽂아도 좋다. 물을 준 뒤 부분 차광으로 관리한다. 화분갈이는 이듬해 3월에 한다. 도사물나무에 비해 조금 작고, 가지도 마구 뻗어나가지 않아 정리하기 쉽지만, 도사물나무와 같은 방법으로 분주할 수 있다. 가지가 가늘어 부러지지 않도록 주의하며 작업한다.

삽목
꺾꽂이
★ ★ ★

1 삽수로 쓸 가지 자르기
봄에 새로 뻗어 나온 가지로, 마디 사이가 막혀 있는 충실한 가지를 사용한다.

2 삽수 고르기
2~3마디를 기준으로 하여 8~10cm 길이로 자른다. 잎이나 줄기가 튼실한 가지를 사용한다.

3 삽수 만들기
아래쪽 잎을 따내고 절단면을 칼로 반
듯하게 자른다. 반대면도 겉껍질을 얇
게 깎아낸다.

잎을 2장만 남긴다.

아래쪽 잎을 따낸다.

4 삽수의 완성
잎은 2장만 남기고 아래쪽 잎을 따낸
다. 삽수의 줄기는 길이를 맞추어두는
것이 좋다.

녹소토

30분~1시간

5 물주기
물을 넣은 용기에 30분~1시간 동안 담가두어 물을 흡수하
게 한다.

6 삽수 꽂기
넓은 화분에 녹소토를 채워 넣고 평편하게 고른다. 균일한
간격으로, 1/2 정도 깊이로 꽂는다.

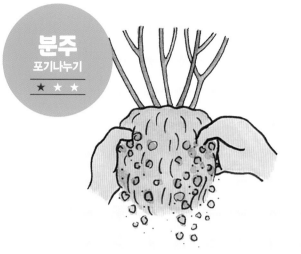

분주
포기나누기
★ ★ ★

1 포기에서 가지 떼어내기
분주는 12~3월이 적당한 시기이다. 화분에 비해 너무 커진 포기는 화분에서 분리해낸다. 지면에 두드려서 흙을 잘 털어낸다.

2 포기나누기
포기를 손으로 나누거나 굵은 뿌리는 톱으로 잘라 나눈다. 상한 뿌리나 긴 뿌리는 정리한다.

적옥토 6 : 부엽토 4

3 화분에 심기
새 화분에 심는다. 용토로는 적옥토와 부엽토의 6:4 혼합토를 사용한다.

풍년화

학 명	*Hamamelis japonica* Siebold & Zucc.
영어명	Japanese Witch-hazel
일본명	マンサク
과 명	조록나무과
다른 이름	만작, 풍작

높이 5~6m까지 자라는 낙엽소교목으로 2~3월에 황금색 꽃이 반짝이며 이른 봄 야산을 물들인다. 이름도 '먼저 핀다'라는 뜻을 가졌다는 이야기가 전해지고 있다. 꽃은 뭉쳐 피며, 작은 리본을 흩어놓은 듯이 보인다. 붉은잎풍년화, 둥근잎풍년화 등의 종류가 있다.

관리일정	1월	2월	3월	4월	5월	6월	7월	8월	9월	10월	11월	12월
상태		꽃										
전정	전정											전정
번식		접목	접목·실생							실생		
비료		시비										
병해충						특별히 없음						

"접목이 건조하지 않도록, 비닐봉지를 씌워둔다.
실생은 부엽토를 섞은 용토에서 1년간 키운 후 화분갈이를 한다."

접목은 2~3월이 적기이다. 접수는 기세 좋게 뻗어 나와 마디가 막힌 충실한 가지를 고른다. 하나의 가지에서 몇 개의 접수를 취할 수 있다. 대목으로는 실생 2~3년 된 조록나무의 묘목을 골라, 접목할 부분에서 자른다. 또 겉껍질과 목질부 사이에 칼집을 넣어 접수를 삽입하고, 접목용 테이프로 단단히 고정한다. 접목 작업 후에는 건조하지 않도록 공기구멍을 뚫은 비닐봉지를 화분 전체에 씌워두면 좋다.

실생은 대목을 키우기 위해서나, 원예품종에 없는 원종의 개체를 번식시키기에 적당하다. 10월에 여물어 터지기 전, 검게 익어 벌어진 열매를 채취한다. 건조하면 자연스럽게 종자를 얻을 수 있다. 바로 종자를 채종하여 심거나, 5℃ 저온에 저장해두었다가 이듬해 3월에 심는다. 6~8호의 넓은 화분에 적옥토(소립)와 부엽토의 7:3 혼합토를 채워 상토를 만들고 균일하게 종자를 심는다. 4~5월에 싹이 트며, 화분갈이는 이듬해 3월에 한다.

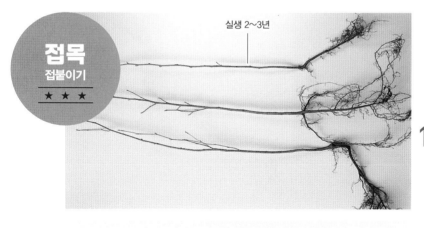

접목
접붙이기
★ ★ ★

실생 2~3년

1 대목의 준비
2~3월이 접목의 적기이다. 대목을 준비한다. 햇볕이 잘 드는 곳에서 자란 기세 좋은 묘목을 사용한다.

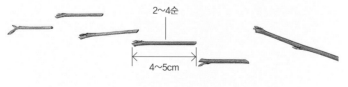

2~4순

4~5cm

2 접수 만들기
순이 2~4개 달린 건강한 가지를 준비하고, 4~5cm 길이로 나누어 자른다.

3 접수의 절단면
비스듬하게 자른 후, 반대면 겉껍질을 깎아 형성층이 드러
나도록 한다.

4 대목 만들기
겉껍질과 목질부 사이에 칼집을 넣어 형성층이 드러나게
한다.

5 접붙이기
대목의 형성층과 접수의 형성층을 확실히 맞추어준다. 대목
의 칼집은 접수의 형성층보다 짧게 넣으면 좋다.

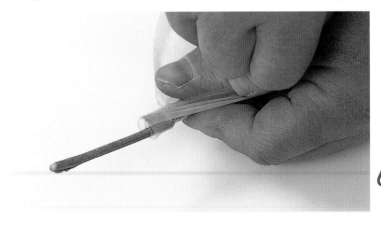

6 접목용 테이프 감기
대목의 절단면이 건조하지 않도록 접
목용 테이프를 단단히 감아 묶는다.

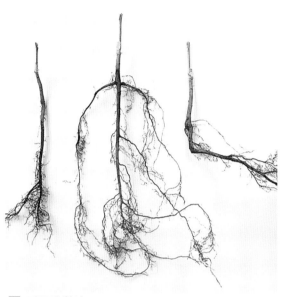

7 접목의 완성

접목용 테이프를 감아 접목을 완성한다. 같은 방법으로 몇 개를 모아 만들어두어도 좋다.

적옥토

8 화분에 심기

5호 비닐포트나 플라스틱 화분에 적옥토를 사용하여 ❼의 접목을 심는다. 작업이 끝난 후, 물을 충분히 주고 그늘에서 관리한다.

공기구멍을 뚫어준다.

9 비닐봉지 씌우기

건조하지 않도록 구멍을 뚫어둔 비닐봉지를 씌우고 라피아 등으로 고정한다. 순이 자랄 때까지 그 상태로 관리한다.

10 발아

접수와 대목 모두 새싹이 돋아난다. 이만큼 자라면 비닐봉지를 벗긴다.

11 순따기

대목의 순을 모두 따낸다. 손가락으로 떼어내면 쉽게 떨어진다. 접수는 기세 좋은 순 하나만 남기고 모두 따낸다.

12 활착 후의 상태

순조롭게 활착한 모습. 대목의 순이 자라 영양분을 빼앗지 않도록, 그때마다 순따기를 해준다.

피라칸다

학 명	*Pyracantha angustifolia* (Franch.) C. K. Schneid.
영어명	Pyracantha
일본명	ピラカンサ
과 명	장미과
다른 이름	피라칸사

높이 3~5m까지 자라는 상록관목으로 원산지는 남유럽과 중근동이다. 5~6월에 조팝나무의 꽃과 닮은 흰 꽃이 아름답게 피고, 10~12월에 작고 납작한 열매가 붉은색, 오렌지색, 노란색 등으로 익어 이듬해 정월까지 가지마다 잔뜩 매달려 있다. 잎의 가장자리에는 작은 톱니가 있다.

관리일정	1월	2월	3월	4월	5월	6월	7월	8월	9월	10월	11월	12월
상태					꽃					열매		
전정	전정					전정						전정
번식		삽목·실생				삽목				실생		
비료		시비										
병해충						방제						

"삽수는 볕이 잘 드는 곳에서 자란 큰 가지를! 열매를 접목하기 좋은 가지를 선택하는 것이 요령!"

삽목은 봄삽목과 여름삽목이 가능하다. 봄삽목은 새싹이 돋아나기 전인 2~3월에 하며, 여름삽목은 기온이 따뜻해지는 6~8월이 적당한 시기이다. 봄삽목의 삽수로는 지난해 자란 충실한 가지를 사용하며, 여름삽목에는 그해 봄에 자란 기세 좋은 가지를 고른다. 각각 8~10cm 길이로 자른 다음 잘 드는 칼로 절단면을 정리하고, 30분~1시간 동안 물에 담가 충분히 물을 흡수하게 한 뒤 적옥토에 심는다. 상토와 삽수가 건조하지 않도록 습도를 유지해주고 직사광선을 피하여 부분 차광으로 관리한다. 봄삽목의 경우, 잎이 돋기 전이므로 가지의 위아래가 바뀌지 않도록 주의한다. 여름삽목을 할 때는 가지 윗부분의 잎을 1~2장만 남기고 아랫부분의 잎을 따내는데, 이때 톱니가 있으니 주의한다. 뿌리가 내리면 점차 물의 양을 줄여준다. 9월에 파내어 각각 한 개체씩 3호 포트에 옮겨 심는다. 용토로는 적옥토(소립)와 부엽토의 6:4 혼합토를 사용한다.

실생은 종자를 채취하여 바로 심는다.

삽목
꺾꽂이
★ ★ ★

1 가지 자르기
여름삽목은 6~8월에 한다. 햇볕이 잘 드는 곳에서 자란 기세 좋은 가지를 고른다.

2 삽수 고르기
삽수로 쓸 수 있는 부분을 선별한다. 가능한 한 건강한 부분을 골라 사용한다.

3 삽수 만들기

8~10cm 길이로 자르고, 잎은 1~2장만 남기고 따낸다. 잎이 작아 손으로 훑어내면 쉽게 떨어진다.

4 삽수의 절단면

삽수의 절단면이 45도 각도를 이루도록 칼로 반듯하게 자른다. 반대면도 겉껍질을 얇게 깎는다.

30분~1시간

5 삽수의 완성

삽수의 길이를 맞추고 절단면을 정리한다. 이때 절단면이 상하지 않도록 주의한다.

6 물주기

물을 넣은 용기에 30분~1시간 동안 삽수를 담가 물을 충분히 흡수하게 한다. 충분히 물을 주면 뿌리를 내리기가 쉽다.

적옥토

7 삽토(揷土)에 꽂기

화분에 적옥토를 넣고 평편하게 고른 후, 삽수를 1/2 정도 꽂는다. 가능한 한 균일하게 꽂는 것이 좋다.

실생
종자번식
★ ★ ★

1 피라칸다의 열매
잘 익은 열매를 딴다.

8 삽목의 완성
삽목이 끝난 것. 화분 바닥으로 물이 흘러나올 만큼 충분하게 물을 준다. 직사광선을 피하고 통풍이 잘되는 그늘에서 관리한다.

2 종자 채취
과육을 뭉개고 물로 씻어, 안에 있는 종자를 빼낸다.

적옥토

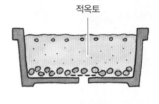

3 종자 뿌리기
소립의 적옥토에 흩뿌린다. 화분 바닥에 대립의 적옥토를 깔아두면 좋다.

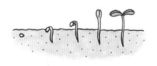

4 발아
부분 차광하여 관리하면 싹이 터서 생장한다.

9 발근
머지않아 새싹이 돋아나고 뿌리가 내린다. 용토로 녹소토를 사용해도 괜찮다.

5 화분갈이
발근하면 뿌리가 상하지 않도록 파내어 화분에 심는다.

화살나무

학 명	*Euonymus alatus* (Thunb.) Siebold
영어명	Burning Bush Spindletree
일본명	ニシキギ
과 명	노박덩굴과
다른 이름	참빗나무, 참빗살나무, 홀잎나무, 살낭, 족꾀남, 햇님나무

높이 2~4m까지 자라는 낙엽관목으로 가지에 코르크질의 날개가 달려 있는 것이 특징이다. 가을에 붉게 물드는 잎은 비단같이 아름다워 멋진 볼거리를 만들어낸다. 꽃은 황록색으로 눈에 잘 띄지 않는다. 가지에 매달린 열매는 익으면 벌어져, 작은 주홍색의 종자가 나온다.

관리일정	1월	2월	3월	4월	5월	6월	7월	8월	9월	10월	11월	12월
상태					꽃					붉은잎		
전정		전정										전정
번식		삽목	삽목·실생				삽목			실생		
비료		시비										
병해충						방제						

"생육이 좋아, 봄이나 여름에 삽목으로 쉽게 번식시킬 수 있다. 실생은 10월 중순경 종자를 채취하여 바로 뿌리는 것이 좋다."

삽목은 2~3월의 봄삽목과 6~8월의 여름삽목이 가능하다. 봄삽목은 지난해 자란 충실한 가지를, 여름삽목은 봄에 자란 기세 좋은 새 가지를 골라 사용한다. 가지를 8~10cm 길이로 자르고, 잘 드는 칼로 절단면을 비스듬하게 잘라 삽수를 만든다. 여름삽목의 경우에는 위쪽 잎을 1~2장 남기고, 아랫부분의 잎을 따낸다. 삽수는 1~2시간 물에 담가두었다가 꽂는다. 6호의 넓은 화분을 준비하고, 배수가 잘되도록 화분 바닥에 중립의 녹소토를 가볍게 깐 다음 그 위에 소립의 녹소토를 채워 평편하게 고른다. 삽수를 반 정도 깊이로 꽂고 물을 준 후 부분 차광하여 관리한다. 뿌리가 내리면 점차 햇볕에 내놓아 생육을 촉진하고, 이듬해 3~4월에 화분갈이를 한다. 작은 묘목은 추위에 약해 겨울에는 비닐하우스 등에서 월동하는 것이 좋다. 실생은 10월 중순에 종자를 채취하여 적옥토에 심는다. 화분갈이는 1년 후에 한다.

삽목
꺾꽂이
★ ★ ★

1 삽수로 쓸 가지 자르기
2~3월에 하는 봄삽목이 일반적이다. 지난해 자란 충실한 가지를 사용하며, 햇볕이 잘 들지 않는 곳에서 자란 부드러운 가지나 시든 가지는 사용하지 않는 것이 좋다.

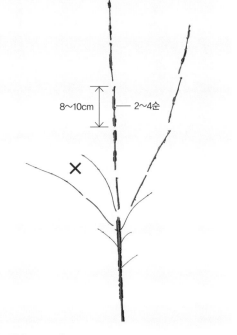

8~10cm · 2~4순

2 삽수 고르기
순이 2~4개 달리도록 가지를 8~10cm 길이로 자른다. 끝부분을 사용하기도 하지만, 너무 가늘고 충실하지 않은 가지는 적합하지 않다. 막대 같은 삽목에서 녹색의 새싹이 자란다.

3 삽수 만들기
잘 드는 칼로 절단면을 45도 각도로 반듯하게 자른다. 가지를 누르고, 칼을 앞쪽으로 밀듯이 자르면 잘 잘린다.

4 형성층 드러내기
반대면도 겉껍질을 얇게 깎아 2~3cm 드러나도록 한다.

1~2시간

5 접수의 완성
잎이 떨어지는 시기에 작업하기 때문에, 가지의 위아래를 혼동하는 경우가 있으므로 순이 나는 방향을 잘 관찰해야 한다.

6 물주기
삽수는 길이를 맞추어 자르고, 1~2시간 동안 물에 담가 물을 충분히 흡수하도록 한다. 충분히 물을 주면 뿌리가 더욱 잘 내린다.

녹소토

7 삽수 꽂기
넓은 화분에 녹소토 또는 적옥토를 넣고, 삽수를 1/2 정도 꽂는다. 절단면이 상하지 않도록 막대 등으로 구멍을 뚫은 후 꽂아도 좋다.

8 삽목의 완성
삽목이 끝나면 그 상태에서 충분히 물을 준다. 온실 등 따뜻한 장소에 두고 직사광선을 피하여 가능한 한 그늘에서 관리한다.

취목
휘묻이
★ ★ ★

둘레를 3~4군데
깎아낸다.

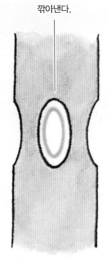

물이끼

1 취목할 부분 깎아내기
취목할 위치를 정하고 줄기 둘레 3~4군데에 칼로
겉껍질을 깎아낸다.

2 물이끼로 감싸기
비닐을 벗기고, 미리 물에 적셔둔 물이끼로 ❶의 부
분을 감싼다.

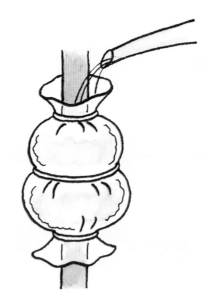

3 비닐로 감기
물이끼가 떨어지지 않도록 주의하면서, 비닐 위쪽을
끈으로 묶는다.

4 물주기
물이끼가 건조하지 않도록 가끔 위쪽의 끈을 느슨히
하여 물을 준다. 뿌리가 내리면 취목의 아랫부분에
서 잘라 분리한다. 물이끼를 제거하고, 화분에 옮겨
심는다.

Part 3
정원수(상록수)

금목서

학 명	*Osmanthus fragrans* var. *aurantiacus* Makino
영어명	Sweet Osmanthus
일본명	キンモクセイ
과 명	물푸레나무과
다른 이름	단계목

중국 원산으로 높이 4~8m까지 자라는 상록소교목이며 암수딴그루이다. 향이 진해서 정원수로 인기가 많은 꽃나무이다. 9~10월에 밝은 오렌지색의 작은 꽃이 밀집하여 피는데, 한 그루가 있어도 만개하면 그 주위가 달콤한 향으로 진동한다. 일본에는 주로 수나무가 많으며 암나무는 드물다.

관리일정	1월	2월	3월	4월	5월	6월	7월	8월	9월	10월	11월	12월
상태									꽃			
전정	전정					전정						전정
번식			삽목		취목		취목·삽목					
비료		시비										
병해충					특별히 없음							

"잘 드는 칼로 삽수의 절단면을 비스듬히 반듯하게 자르는 것이 요령"

6~8월이 삽목의 적기이다. 지난해 자란 충실한 가지를 골라, 8~10cm 길이로 자른다. 위쪽의 잎을 1~2장 남기고, 아래쪽 잎은 따낸다. 절단면을 비스듬하게 자르고 반대쪽도 칼집을 넣은 후 물을 준다. 상토의 용토로는 녹소토나 소립의 적옥토가 좋다. 삽목 후에는 밝은 날 그늘에 두고, 습도를 유지하며 관리한다. 화분갈이는 이듬해 3월 발아하기 전이 적당하다. 취목은 4~8월에 한다. 4~5개월이 지나면 뿌리가 내린다.

삽목
꺾꽂이
★ ★ ★

1 가지 자르기
6~8월에 삽수로 쓸 가지를 자른다. 햇볕이 잘 드는 곳에서 자란 충실한 가지를 사용한다.

2 삽수 고르기
삽수로 가능한 부분과 가능하지 않은 부분을 선별한 후 8~10cm 길이로 자른다. 상처가 나지 않은 가지를 사용한다.

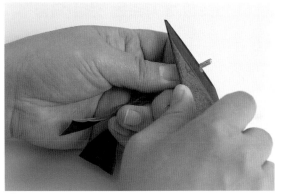
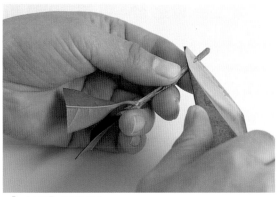

3 삽수 만들기
잎은 1~2장만 남기고 따낸다. 남은 잎 중에서 큰 것은 반으로 자른다. 잘 드는 칼을 이용하여 절단면을 45도 각도로 반듯하게 자른다.

4 형성층 드러내기
❸의 반대면도 형성층이 1~2cm 드러나도록 칼로 겉껍질을 얇게 깎아낸다.

1~2시간

5 삽수의 완성
길이를 맞추고 절단면을 정돈하여 삽수를 완성한다. 아래쪽 잎을 제거하거나 잎을 반으로 자르는 것은 증산작용을 억제하기 위한 것이다.

6 물주기
물을 담은 용기에 ❺의 삽수를 1~2시간 동안 담가 물을 흡수하게 한다.

녹소토

7 삽수 꽂기
화분에 녹소토를 넣고 평편하게 고른 후, 1/2 정도 깊이로 균일하게 꽂는다.

삽목
밀폐삽목, 3월
★ ★ ★

1 삽수 꽂기
일반 삽목과 동일하게 삽수를 만들고, 넓은 화분에 균일하게 꽂는다.

2 철사로 지지대 만들기
철사를 30~40cm 길이로 2개 잘라, 각각 U자 모양으로 구부린다. 그것을 ❶의 상토에 교차하듯이 꽂아 지지대를 만든다. 완성되면 충분히 물을 준다.

3 비닐봉지 씌우기
위에서부터 편평한 화분 바닥까지 비닐봉지를 씌운다. 이렇게 증산을 억제하고 습도를 유지하여 발근을 촉진한다.

취목
휘묻이
★ ★ ★

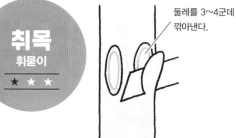

둘레를 3~4군데 깎아낸다.

1 취목할 위치 깎아내기
취목할 위치를 정하면 줄기 둘레를 칼로 3~4군데 깎아낸다.

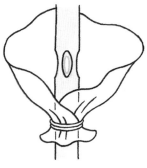

2 비닐로 감싸기
깎아낸 부분 아래에 적당한 크기로 자른 비닐을 감싸 묶는다.

물이끼

3 물이끼와 비닐로 덮어주기
미리 물에 적셔둔 물이끼로 절단면을 감싸고, 비닐로 덮은 뒤 끈으로 단단히 고정한다. 건조하지 않도록 가끔 물을 주며 발근을 촉진한다.

꽃댕강나무

학 명	*Abelia grandiflora* (André) Rehd.
영어명	Abelia
일본명	アベリア
과 명	인동과
다른 이름	꽃댕강이, 왜댕강이

높이 1~2m까지 자라는 상록관목이며, 7~10월에 선명한 녹색 잎을 배경으로 연한 복숭아색을 띤 프리지아를 닮은 꽃이 잇달아 피어난다. 꽃은 달콤한 향기가 난다. 꽃이 일찍 피는 주걱댕강나무, 암홍색 꽃이 피는 베니바나 츠쿠바네우츠기 등이 있다.

관리일정	1월	2월	3월	4월	5월	6월	7월	8월	9월	10월	11월	12월
상태							꽃					
전정	전정						전정					전정
번식		삽목 · 분주					삽목					
비료		시비										
병해충					특별히 없음							

"큰 포기로 자라면 분주하여 번식시킨다.
뿌리의 상태를 잘 확인해야 한다."

삽목으로 번식하며 6~8월에 하면 활착률이 높다. 새 가지 가운데 충실한 것을 골라 8~10cm 길이로 자른다. 절단면을 정리하고 물을 준 뒤, 녹소토에 꽂는다. 물을 주며 부분 차광으로 관리한다. 화분갈이는 이듬해 3월에 한다. 분주는 2~3월이 적기이다. 큰 포기로 자라면 파내어 흙을 잘 털어낸다. 뿌리가 난 부분을 확인하고 전정가위를 이용하여 적당한 크기로 나누어 잘라 옮겨 심는다. 모아 심어두면 모양새가 좋다.

삽목
꺾꽂이
★ ★ ★

1 가지 자르기
6~8월에 한다. 햇볕이 잘 드는 곳에서 자란 기세 좋은 가지를 잘라 튼튼한 부분을 사용한다.

너무 가늘다. ✕

8~10cm

2 삽수 만들기
8~10cm 길이로 잘라 삽수를 만든다. 선단도 사용할 수 있지만, 너무 가는 것은 적당하지 않다.

3 잎을 훑어 떼어내기
잎은 2장만 남기고 아랫부분의 잎을 따낸다. 잎이 작아서 손으로 훑어내도 쉽게 떨어진다.

4 절단면 칼로 자르기
삽수의 절단면은 잘 드는 칼로 45도 각도로 반듯하게 자른다.

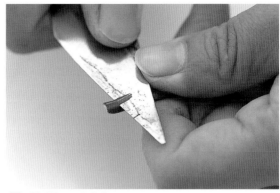

5 형성층 드러내기
❹의 반대면도 겉껍질을 얇게 깎아내어 형성층이 드러나게 한다. 물을 흡수하는 면적을 크게 하기 위한 것이다.

6 삽수의 완성
삽수의 길이를 맞추고 절단면을 정돈한다. 잎의 수를 줄여 증산작용을 억제한다. 절단면이 상하지 않도록 주의한다.

30분~1시간

7 물주기
물을 담은 용기에 ❻의 삽수를 30분~1시간 동안 담가둔다. 이렇게 충분히 물을 흡수하도록 해주면 뿌리를 내리기 쉽다. 삽수의 처리가 끝나면 절단면이 건조하지 않도록 바로 물에 담가둔다.

녹소토

8 삽수 꽂기
넓은 화분에 녹소토를 채워 넣고 평편하게 고른 후, ❼의 삽수를 1/2 깊이로 균일하게 꽂는다. 삽목이 끝나면 충분히 물을 주고 부분 차광하며 관리한다.

분주
포기나누기
★ ★ ★

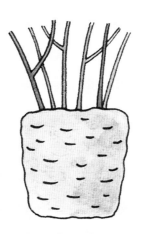

1 포기를 화분에서 분리
크게 생장한 포기가 화분 안을 꽉 채우면 화분 가장
자리를 쳐서 분리한다.

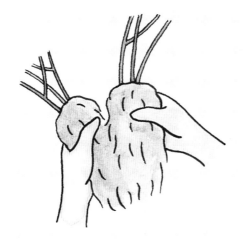

2 흙 털어내고 분주
포기를 지면에 치거나 하여 흙을 털어낸다. 포기의
줄기에서 뿌리가 뻗어나가는 것을 확인하고 뿌리의
상태가 좋은 부분을 골라 대략 반으로 나눈다.

3 정리 후 심기
상한 뿌리를 정리하고 가지도 적당한 길이로 잘라,
각각 화분에 옮겨 심는다.

꽝꽝나무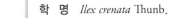

학 명	*Ilex crenata* Thunb.
영어명	Box-leaf Holly
일본명	イヌツゲ, ツゲ類
과 명	감탕나무과
다른 이름	개회양, 꽝낭, 꽝꽝낭, 꽝꽝이낭

높이 1~6m까지 자라는 상록관목 또는 교목이다. 보통, 회양목류라고 하면 꽝꽝나무[犬黃楊]를 가리키는 경우가 많다. 광택을 띠는 선명한 색상의 잎이 밝은 분위기를 자아내는 것이 특징이다. 둥글게 만들어 정원에 심거나 울타리 등으로 이용하고 있다. 꽝꽝나무[豆黃楊], 빨간열매 꽝꽝나무[赤實犬黃楊] 등의 종류가 있다.

관리일정	1월	2월	3월	4월	5월	6월	7월	8월	9월	10월	11월	12월
상태					꽃						열매	
전정						전정						전정
번식		실생					삽목				실생	
비료		시비							시비			
병해충						특별히 없음						

"비교적 작업이 간단한 삽목은 6~8월이 적기이다.
과육을 제거한 종자를 물로 잘 씻은 후 심는다."

꽝꽝나무[犬黃楊] 등은 실생으로 번식하지만, 무늬가 있는 종이나 노란 열매를 맺는 종, 꽝꽝나무[효 黃楊]는 삽목으로 번식시킨다. 봄에 자란 새 가지가 여물어가는 6~8월이 적기이다. 삽수는 8~10cm 길이로 자르고, 아래쪽 잎을 따낸 뒤 물을 준다. 녹소토에 꽂으면 뿌리를 잘 내린다. 이듬해 3월경 화분갈이를 한다. 실생은 11월에 종자를 채취한 후 바로 심거나, 이듬해 2~3월에 심는다. 열매를 뭉개고 과육을 물로 잘 씻은 후, 흩뿌리기를 한다.

삽목
꺾꽂이
★ ★ ★

1 가지 자르기
6~8월에 삽수로 쓸 가지를 자른 다. 햇볕이 잘 드는 곳에서 자란 충실한 가지를 사용한다.

2 삽수 고르기
삽수로 쓸 수 있는 부분과 쓸 수 없는 부분을 잘라 선별한다. 건강 한 새순은 사용할 수 있지만, 부 드러운 새순은 적합하지 않다.

3 삽수 만들기
8~10cm 길이로 자르고, 잎은 선단의 몇 장만 남기고 아래쪽 잎을 따낸다. 칼을 이용하여 절단면을 45도 각도로 반듯하게 자른다.

4 형성층 드러내기
❸의 가지 반대면도 형성층이 1~2cm 드러나도록 칼로 겉껍질을 얇게 깎아낸다.

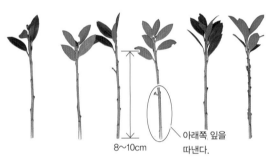

8~10cm

아래쪽 잎을 따낸다.

5 삽수의 완성
길이를 맞추고 절단면을 정돈한 것. 아래쪽 잎을 따낼 때는 손으로 훑어내도 된다.

30분~1시간

6 물주기
물을 담은 용기에 30분~1시간 동안 담가 물을 흡수하게 한다.

녹소토

7 삽수 꽂기
화분에 녹소토를 채워 넣고 평편하게 고른 후, 삽수를 1/2 깊이로 꽂는다.

8 발근
머지않아 새싹이 나고 뿌리도 쭉쭉 뻗어나간다.

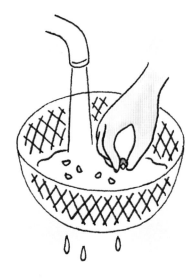

1 꽝꽝나무의 종자
잘 익은 꽝꽝나무의 열매. 그 안에 종자가 들어 있으므로 과육을 손가락으로 뭉개고 안에서 종자를 빼낸다.

2 물로 잘 씻어내기
과육에는 발아를 억제하는 성분이 함유되어 있으므로, 충분히 물로 씻어 과육을 떼어낸다.

적옥토

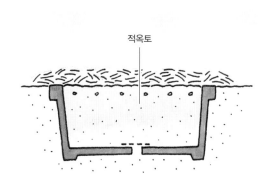

3 종자 뿌리기
넓은 화분에 소립의 적옥토를 넣어 평편하게 고르고, 종자를 심는다. 위에서 체로 쳐 흙을 뿌린다. 한랭지에서는 화분별로 정원에 심고 얼지 않도록 짚을 깔아도 좋다.

4 옮겨심기
가끔 솎아주고 묘목이 어느 정도 크면 화분에 옮겨심거나 땅에 심는다.

나한백

학 명	*Thujopsis dolabrata* (L.f.) Siebold & Zucc.
영어명	Hiba Arborvitae, False Arborviatae
일본명	アスナロ
과 명	측백나무과
다른 이름	구름측백나무

높이 20~30m까지 자라는 상록침엽교목으로, 정원수로 많이 이용되어 친숙한 나무이다. 가지치기에 적당하며 형태를 만들기 쉬워, 꽃꽂이나 토피어리 등에 이용된다. 가지가 곧게 뻗어나가며, 잎의 앞뒤 구별이 없는 것이 특징이다. 잎끝이 짧고 빽빽하게 자라는 성질이 있다.

관리일정	1월	2월	3월	4월	5월	6월	7월	8월	9월	10월	11월	12월
상태						상록						
전정		전정				전정						전정
번식						삽목						
비료		시비										
병해충					특별히 없음							

"깊이 꽂으면 뿌리가 썩을 수 있으므로 삽수는 반 정도 깊이로 꽂는다. 여름철 더위에 주의하며 관리한다."

삽목은 6~8월에 한다. 삽수로는 봄에 자란 충실한 새 가지를 골라, 3~4마디를 기준으로 8~10cm 길이로 자른다. 잘 드는 칼로 절단면을 정리하고, 위쪽 잎을 조금 남기고 아래쪽 잎은 전부 따낸다. 1~2시간 동안 물에 담가 물을 흡수하게 한 뒤, 상토에 꽂는다. 6호 화분을 준비하고 화분 바닥에 중립의 녹소토를 가볍게 깔아 그 위에 소립의 녹소토를 채워 넣고 평편하게 골라둔다. 삽수를 반 정도 깊이로 꽂는데, 너무 깊게 꽂는 것은 금물이다! 바닥에 물이 차 있으면 썩을 우려가 있기 때문이다. 충분히 물을 주며 부분 차광으로 관리하고, 뿌리가 내리면 1개월에 1회, 액상거름을 주며 생육을 촉진한다. 묘목이 자라면 점차 햇볕에 내놓지만, 한여름의 직사광선은 피한다. 어린 묘목은 추위에 약하므로 겨울에는 비닐하우스에서 키우는 것이 좋다. 한동안 그 상태로 두었다가 이듬해 3월경에 화분갈이를 한다.

삽목
꺾꽂이
★　★　★

1 가지 자르기
삽수로 쓸 가지를 자른다. 햇볕이 잘 드는 곳에서 자란 충실한 가지를 사용한다.

2 삽수 고르기
삽수로 쓸 수 있는 부분과 쓰기 어려운 부분을 잘라 선별한다. 건강한 부분을 사용하며 3~4마디를 기준으로 하여 8~10cm 길이로 자른다.

아래로 당기면
겉껍질이 벗겨지므로
주의한다.

아래쪽 잎을
따낸다.

3 아래쪽 잎 따내기
선단의 잎을 남기고 아래쪽 잎을 따낸다. 왼손으로 삽수를 꼭 누르고 아
래쪽 잎의 밑부분을 손끝으로 떼어내면 상처 없이 떨어진다.

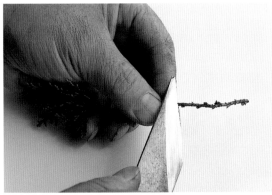

4 삽수의 절단면
칼을 이용하여 삽수의 절단면을 45도 각도로 반듯하게 자
른다. 줄기가 가늘어 주의해야 한다.

5 형성층 드러내기
❹의 반대면도 형성층이 1~2cm 드러나도록 칼로 겉껍질을
얇게 깎아내어 물을 흡수하는 면적을 크게 해준다.

6 삽수의 완성
길이를 맞추고 절단면을 정돈하여 삽수를 완성
한다. 길이를 맞추어두면 생장도 비슷해 이후
에 관리하기가 쉽다. 절단면의 형성층에서 뿌
리가 돋아나기 때문에 건조하지 않도록 주의하
며, 삽수를 만들면 곧바로 물에 담가둔다.

1~2시간

7 물주기
1~2시간 동안 물에 담가 물을 충분히 흡
수하도록 한다.

녹소토

8 삽수 꽂기
화분 바닥에 중립의 녹소토를 가볍게 깔
고, 그 위에 소립의 녹소토를 채워 넣어
평편하게 고른 뒤, 삽수를 1/2 정도 깊이
로 꽂는다. 줄기가 가늘어 막대로 구멍을
뚫은 후에 꽂으면 쉽다.

9 삽목의 완성
균일하게 꽂은 뒤 물을 충분히 준다.

남천

학 명	*Nandina domestica* Thunb.
영어명	Nandina, Heavenly Bamboo, Sacred Bamboo
일본명	ナンテン
과 명	매자나무과
다른 이름	남천죽, 남천중, 남천촉, 남촉목

'화를 돌리는 나무'로 통해 운수 좋은 나무로 친숙하다. 높이 1~2m까지 자라는 상록관목으로 6월에 작고 흰 꽃이 원추꽃차례에 달려 피고, 겨울에는 제각각 결실을 맺어 붉은색으로 물든다. 가지 형태가 아름다워 정원수로 이용되고 있다. 원예종에는 열매의 빛깔이 흰색인 것과 연한 자줏빛인 것도 있다.

관리일정	1월	2월	3월	4월	5월	6월	7월	8월	9월	10월	11월	12월
상태	열매					꽃					열매	
전정			전정									
번식				실생		삽목					실생	
비료		시비										
병해충					방제							

"삽목 후에는 밝은 날 그늘에서 관리하며, 차츰 햇볕에 적응할 수 있도록 한다. 잘 익은 열매를 채취하고 종자를 꺼내어, 실생묘를 만드는 것도 좋다."

삽목은 6~8월이 적기이다. 지난해 자란 병충해가 없고 활력 있는 가지를 골라, 10cm 길이로 자르고 위쪽의 잎을 4~5장만 남긴다. 녹소토나 적옥토에 반 정도 깊이로 심는다. 밝은 날 그늘에 두고 관리하며, 잎이 건조해 보이면 차광을 한다. 겨울에는 서리를 맞지 않는 장소로 옮기거나 서리 대책을 하고, 이듬해 3월이 되면 화분갈이를 한다. 난지성이므로 햇볕이 잘 드는 곳에서 관리한다.

실생은 11~12월에 잘 익은 열매를 채취하여 열매껍질과 과육을 제거하고 종자를 물에 잘 씻는다. 종자를 꺼내어 바로 뿌리는 것이 가장 좋지만, 종자를 건조하지 않도록 보존하여 이듬해 3월경에 심어도 좋다. 넓은 화분에 적옥토를 채워 넣고 고른 뒤, 종자를 심는다. 물을 충분히 주고, 용토가 건조하지 않도록 짚을 깔아두어도 좋다. 건조하면 싹이 트기 힘들다. 발아 후에는 짚을 제거한다. 단, 실생묘는 열매가 맺히기 어렵다.

삽목
꺾꽂이
★ ★ ☆

1 가지 자르기
삽수로 쓸 가지를 자른다. 햇볕이 잘 드는 곳에서 자란 기세 좋은 가지를 사용한다.

잎

가지

2 삽수 고르기
삽수로 쓸 수 있는 부분과 쓸 수 없는 부분을 잘라 선별한다. 잎 부분도 어느 정도 굵기가 있어 삽수로 쓸 가지와 혼동할 수 있으므로 주의를 요한다.

3 삽수 만들기
8~10cm 길이로 가지를 나누어 자르고, 칼을 이용하여 절단면을 45도 각도로 반듯하게 자른다.

4 형성층 드러내기
❸의 반대면도 겉껍질을 얇게 깎아내어 형성층이 드러나도록 한다.

1~2시간

5 삽수의 완성
길이를 맞추고 절단면을 정돈하여 삽수를 완성한다. 길이를 맞추어두면 이후 관리하기 쉽다.

6 물주기
1~2시간 동안 물에 담가두어 물을 충분히 흡수하게 한다.

녹소토

7 삽수 꽂기
화분에 녹소토를 채워 넣고 평편하게 고른 뒤, ❻의 삽수를 1/2 정도 깊이로 균일하게 꽂는다. 물을 충분히 주고 그늘에서 관리한다.

실생
종자번식
★ ★ ★

1 남천의 종자
11월경, 붉은 열매가 맺히면 채취
하여 과육을 뭉개고 종자를 꺼내
물로 잘 씻어둔다.

적옥토

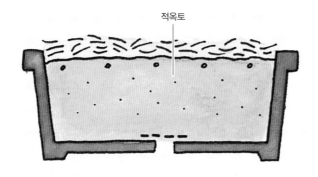

2 종자 뿌리기
넓은 화분에 소립의 적옥토를 넣
고 고른 후, 종자를 균일하게 흩뿌
린다. 흙을 체로 쳐서 가볍게 뿌린
다. 한랭지에서는 얼지 않도록 짚
을 깔아두어도 좋다.

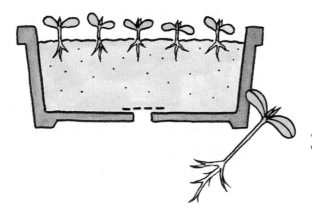

3 발아
발아하여 무성해지면 솎아준다. 발
근하면 3호 포트에 화분갈이를 한
다. 용토로는 적옥토와 부엽토의
6:4 혼합토를 사용한다.

동백나무

학 명	*Camellia japonica* L.
영어명	Common Camellia
일본명	ツバキ
과 명	차나무과
다른 이름	동백, 동백꽃, 뜰동박나무, 산다, 산다수, 남산다, 산다화

운치 있는 꽃으로 오래전부터 친숙한 나무이다. 높이 3~10m까지 자라는 상록관목 또는 교목으로, 10월부터 이듬해 4월까지 품종에 따라 흰색이나 홍색 또는 홑꽃잎이나 겹꽃잎의 꽃이 포기 가득 핀다. 큰 포기에서 자라는 꽃은 만개했을 때뿐만 아니라, 낙화하는 모습도 아름답다.

관리일정	1월	2월	3월	4월	5월	6월	7월	8월	9월	10월	11월	12월
상태	꽃	꽃	꽃	꽃						꽃	꽃	꽃
전정					전정	전정						
번식		접목	접목	취목	취목	삽목·취목	삽목·취목	삽목·취목				
비료		시비										
병해충					방제	방제		방제	방제			

"취목은 2~3년 된 활력이 넘치는 가지를 고르고, 가지 둘레의 겉껍질을 3~4군데 깎아낸다."

삽목은 6~8월이 적기이다. 봄에 자란 충실한 새 가지를 10cm 길이로 잘라, 녹소토나 적옥토에 심는다. 화분갈이는 이듬해 3월경에 한다. 취목은 4~8월에 한다. 2~3년생인 활력 넘치는 가지를 골라, 취목할 부분의 겉껍질을 3~4군데 깎아내고, 물에 적셔둔 물이끼로 감아 발근을 촉진한다. 건조하지 않도록 관리하고 순조롭게 뿌리가 내리면 9월 상순~10월 하순에 잘라 분리한다. 삽목으로 뿌리가 내리기 어려운 것은 2~3월에 접목하여 번식시킨다.

삽목
겨울동백
★ ★ ★

잎을 1~2장 남긴다.

3 삽수의 완성
길이를 맞추고 절단면을 정돈하여 삽수를 완성한다.

1 가지 자르기
햇볕이 잘 드는 곳에서 자란 기세 좋은 가지를 골라, 8~10cm 길이로 나누어 자른다. 가능한 한 충실한 부분을 사용한다.

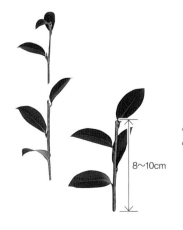

8~10cm

1~2시간

2 삽수 만들기
선단의 1~2순을 남기고 아래쪽 잎을 모두 떼어낸 뒤, 칼을 이용하여 절단면을 45도 각도로 자르고 반대면도 겉껍질을 얇게 깎아낸다.

4 물주기
물을 담은 용기에 삽수를 1~2시간 동안 담가둔다. 충분히 물을 흡수하면 뿌리를 내리기가 쉬워진다.

동백나무 219

삽목
꺾꽂이
★ ★ ★

1 삽수 만들기
219쪽과 같은 요령으로, 건강한 가지를 8~10cm 길이로 자른다.

아래쪽 잎을 따낸다.

2 아래쪽 잎을 따내기
잎은 1장만 남기고 손으로 훑듯이 하여 아래쪽 잎을 따낸다. 검지와 엄지로 가지를 잡듯이 쥐고 잡아빼듯 훑어주면 잘 떨어진다.

3 삽수의 절단면
칼을 이용하여 절단면을 45도 각도로 반듯하게 자른다.

4 형성층 드러내기
❸의 반대면도 칼로 겉껍질을 얇게 깎아낸다.

큰 잎은 반으로
자른다.

1~2시간

5 삽수의 완성
길이를 맞추고 절단면을 정돈하여 삽수를 완성한다. 큰 잎
은 반으로 자른다.

6 물주기
1~2시간 동안 물에 담가두어 물을 충분히 흡수하게 한다.

녹소토

7 삽수 꽂기
화분에 녹소토를 채워 넣고 평편하게 고른 후, 삽수를 꽂
는다.

8 삽목의 완성
삽수를 균일하게 꽂은 뒤 물을 충분히 준다.

9 발근
머지않아 새싹이 돋아나고 뿌리가 내린다. 녹소토에 심은
것은 뿌리가 하얗게 된다.

취목
휘묻이
★ ★ ★

1 위치 정하기
취목할 위치를 정하고 칼로 겉껍질을
목질부까지 깎아낸다.

2 겉껍질 깎아내기
가지 둘레를 3~4군데 반달 모양으로
깎아낸다.

둘레를 3~4군데
깎아낸다.

3 깎아낸 부분
목질부가 드러나면 완성이다. 절단면의 상태를 잘
알 수 있다.

4 비닐로 감기
취목한 위치를 중앙에 두고, 아랫부분을 비닐로 묶
는다.

5 물이끼로 감싸기
물에 적셔둔 물이끼로 ❸의 절단면을 감싼다.

물이끼

6 비닐로 물이끼 감싸기
❹의 비닐로 ❺의 물이끼를 감싼 뒤, 비닐 위쪽을 끈으로 묶는다. 가끔 위쪽의 끈을 느슨하게 하고 물을 주면서 경과를 지켜본다.

접목
접붙이기
★ ★ ★

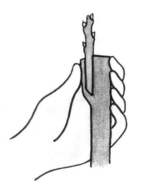

1 접수 만들기
충실한 가지를 이용하여 접수를 만들고, 대목의 절단면에 삽입하여 형성층을 맞춘다.

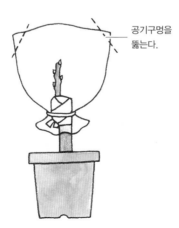

공기구멍을 뚫는다.

2 비닐봉지 씌우기
접목용 테이프를 감아 묶는다. 물을 충분히 주고 구멍을 뚫은 비닐봉지를 씌워 활착시킨다.

마취목

학 명	*Pieris japonica* (Thunb.) D. Don ex G. Don
영어명	Pieris, Japanese Andromeda, Lily of the valley bush
일본명	アセビ
과 명	진달래과
다른 이름	피에리스

일본에서 가장 오래된 노래집인 《만엽집》에도 등장하는 것으로, 오래전부터 친숙한 나무이다. 한자로 '馬醉木'이라 쓰는데, 말이 먹으면 중독을 일으켜 취한 듯이 행동하는 데서 유래되었다. 높이 2~5m까지 자라는 상록관목이며, 3~4월에 은방울꽃과 비슷한 흰 꽃이 아래로 늘어진 꽃차례에 많이 달린다.

관리일정	1월	2월	3월	4월	5월	6월	7월	8월	9월	10월	11월	12월
상태			꽃									
전정	전정				전정							전정
번식		분주	분주·실생			삽목						
비료		시비										
병해충					특별히 없음							

"상토로 녹소토나 적옥토를 사용한다.
증산을 억제하기 위해 삽수는 아랫부분의 잎을 따낸다."

삽목은 새 가지가 영그는 6월경부터, 좀 더 단단해지는 8월경까지가 적기이다. 봄에 자란 새 가지에서 기세 좋은 가지를 골라 8~10cm 길이로 자르고, 절단면을 비스듬하게 깎은 후 물을 준다. 녹소토에 반 정도 깊이로 꽂는다. 직사광선을 피하고, 부분 차광하여 관리한다.

실생은 10월에 종자를 채취하고, 이듬해 3월경에 심는다. 호광성이므로 흙은 뿌리지 않고 발근할 때까지 저면급수를 한다.

삽목
꺾꽂이
★ ★ ★

1 가지 자르기
6~8월에 삽목에 쓸 가지를 자르는 것이 일반적이다. 햇볕이 잘 드는 곳에서 자란 충실한 가지를 사용하는 것이 좋으며, 줄기가 가는 것은 피한다.

8~10cm

2 삽수 만들기
8~10cm 길이로 자르고, 잎은 1~3장만 남기고 아랫부분의 잎을 따낸다. 큰 잎은 반으로 자른다.

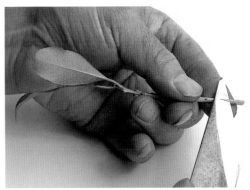

3 삽수의 절단면

잘 드는 칼로 절단면을 45도 각도로 반듯하게 자른다. 삽수를 확실히 누른 채로, 칼날 쪽으로 밀듯이 자르면 잘 잘린다.

4 형성층 드러내기

❸을 반대면으로 하여 형성층이 1~2cm 드러나도록 칼로 겉껍질을 얇게 깎는다. 물을 흡수하는 면적을 크게 하기 위한 것이다.

큰 잎은 반으로 자른다.

5 삽수의 완성

길이를 맞추고 절단면을 정돈하여 삽수를 완성한다. 길이를 맞추어두면 나중에 관리하기가 쉽다. 큰 잎은 반으로 잘라 증산작용을 억제한다.

1~2시간

6 물주기

물을 담은 용기에 ❺의 삽수를 1~2시간 동안 담가 충분히 물을 흡수하도록 하면 더 쉽게 뿌리를 내릴 수 있다.

녹소토

7 삽수 꽂기

화분에 녹소토를 넣고 평편하게 고른 다음 삽수를 1/2 정도 깊이로 균일하게 꽂는다.

8 발근

머지않아 새싹이 돋아나고 뿌리가 내린다. 녹소토를 사용하여 심으면 뿌리가 하얗게 된다.

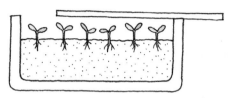

실생
종자번식
★ ★ ★

2 발아
발아하면 덮개를 제거한다.

1 채종
마취목은 열매 꼬투리 안에 종자가 많이 들어 있다.
종자가 매우 작으므로, 물에 적셔 부풀린 파종 전용
바닥에 종자를 흩뿌린 후, 건조하지 않도록 아크릴
판이나 신문지를 덮어준다.

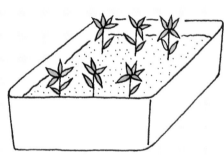

3 솎아내기
묘목이 무성해지면 솎아낸다.

4 화분갈이
묘목이 자라면 3호 포트에 화분갈이를 한
다. 용토로는 적옥토와 부엽토를 6:4 비율
로 섞은 혼합토를 사용한다.

마취목 227

만병초

학 명	*Rhododendron brachycarpum* D. Don ex G. Don
영어명	Short-fruit Rosebay
일본명	シャクナゲ
과 명	진달래과
다른 이름	뚝갈나무

일본에 자생하는 일본석남과 개량종인 서양석남으로 크게 구분된다. 높이 2~3m까지 자라는 상록관목으로 5월에 흰색, 연홍색, 노란색 등의 화려한 꽃을 피운다. 원예점에서 볼 수 있는 종은 서양석남으로, 꽃의 빛깔이 선명하고 화려하다.

관리일정	1월	2월	3월	4월	5월	6월	7월	8월	9월	10월	11월	12월
상태					꽃							
전정		전정				전정						전정
번식		취목 · 접목 · 실생										
비료		시비					시비					
병해충						방제						

"접목이나 실생 모두 다소 어려우므로, 많은 양을 만들어두면 좋다. 실생은 가을에 채종하여 이듬해 봄에 심는다. 종자가 작아 파종 전용 바닥에 흩뿌리기 한다."

접목은 순이 움트기 전인 2~3월이 적기이다. 접수는 지난해 자란 가지로, 병충해가 없으며 충실한 가지를 골라 5~6cm 길이로 자르고 절단면을 비스듬하게 정돈한다. 대목으로는 실생 3년 된 묘목을 사용한다. 깎기접은 적당한 위치에서 대목을 자르고 겉껍질과 목질부 사이를 얇게 깎아 접수를 꽂고 형성층을 맞춘 뒤, 접목용 테이프를 감아 단단히 고정한다. 접목 후에는 비닐하우스 등의 따뜻한 장소에 둔다.

실생은 10~11월 여물어 벌어지기 전에 열매를 채취하여 종이봉지에 넣고 냉암소에 매달아 저장한다. 자연스럽게 벌어져 안에서 종자가 떨어져 나온다. 이듬해 3월경, 물에 부풀린 파종 전용 바닥에 흩뿌린다. 엽서같이 두꺼운 종이 위에 종자를 올려두고, 손가락으로 두드리면 균일하게 뿌릴 수 있다. 습도를 유지하기 위해 발근할 때까지 신문지로 덮어두어도 좋다. 묘목의 생장이 빠르면 9월, 늦으면 이듬해 3월에 옮겨 심는다.

취목
휘묻이
★ ★ ★

둘레를 3~4군데 깎아낸다.

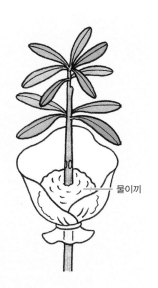

물이끼

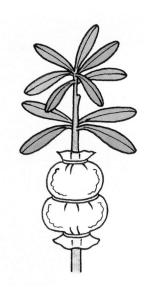

1 3~4군데 깎아내기
취목할 위치를 정하면 가지 둘레를 3~4군데 칼로 깎아낸다.

2 물이끼로 감싸기
적당한 크기로 자른 비닐을 씌우고 미리 물에 적셔둔 물이끼로 절단면을 감싼다.

3 비닐로 덮기
안에서 물이끼가 떨어지지 않도록 비닐로 덮고, 끈으로 단단히 고정한다.

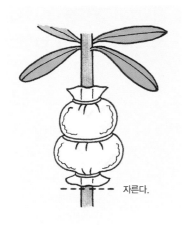

4 발근
뿌리가 내리면 비닐 아래에서 자른다.

자른다.

5 화분갈이
비닐을 벗기고 물이끼를 조심스럽게 제거한 다음 화분에 심는다. 용토로는 적옥토와 부엽토의 7:3 혼합토를 사용한다.

6 밝은 날 그늘에서 관리
밝은 날 지붕 아래처럼 직사광선을 피할 수 있는 그늘에서 관리한다. 점차 햇빛에 내놓는 시간을 늘려 적응시킨다.

접목
접붙이기
★ ★ ★

5~6cm

1 접수 만들기
충실한 가지를 골라 5~6cm 길이로 자르고 잎을 따낸다. 그리고 칼로 겉껍질을 얇게 깎아 형성층이 드러나도록 한다.

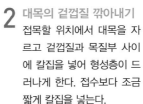

2 대목의 겉껍질 깎아내기
접목할 위치에서 대목을 자르고 겉껍질과 목질부 사이에 칼집을 넣어 형성층이 드러나게 한다. 접수보다 조금 짧게 칼집을 넣는다.

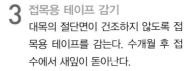

3 접목용 테이프 감기
대목의 절단면이 건조하지 않도록 접목용 테이프를 감는다. 수개월 후 접수에서 새잎이 돋아난다.

실생
종자번식
★ ★ ★

1 만병초의 열매
꼬투리가 갈색으로 변하면 채종한다. 그 상태로 두면 익으면서 벌어지므로 주의한다. 꼬투리에서 종자를 빼내 곧바로 심지 않을 때는 종이봉투나 구멍이 작은 망 안에 넣어 바람이 잘 통하는 곳에서 보관한다.

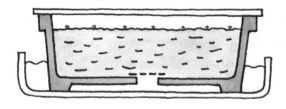

2 종자 뿌리기
종자가 작기 때문에 파종 전용 바닥에 뿌린다. 미리 물에 불려둔 파종 전용 바닥에 균일하게 종자를 흩뿌린다. 엽서같이 두꺼운 종이 위에 종자를 올려두고 위에서 손가락으로 두드리듯이 뿌리면 좋다. 발아할 때까지 저면급수를 한다.

3 화분갈이와 옮겨심기
발아하면 5호 비닐포트나 화분에 화분갈이를 한다. 묘목이 크게 자라 뿌리가 길게 뻗어나가면 7호 정도의 화분에 옮겨 심거나 땅에 심는다. 용토로는 적옥토와 부엽토의 6:4 혼합토를 사용한다.

만병초 231

백량금

학 명	*Ardisia crenata* Sims
영어명	Coralberry, Cpear flower, Spiceberry
일본명	マンリョウ
과 명	자금우과
다른 이름	왕백량금, 탱자아재비, 선꽃나무, 그늘백량금

높이 0.3~1m까지 자라는 상록관목이다. 7월에 흰 꽃이 피고 늦가을부터 겨울까지 진녹색 잎 아래에 가련한 주홍빛의 열매가 가지가 휠 정도로 매달려, 빛깔의 대조가 선명하다. 흰색 열매나 노란색 열매를 맺는 종도 있다. 부와 재산을 상징하는 이름 덕분에 정원수는 물론, 정월꽃 등으로도 이용된다.

관리일정	1월	2월	3월	4월	5월	6월	7월	8월	9월	10월	11월	12월
상태	열매					꽃				열매		
전정				전정								
번식					취목					실생		
비료		시비							시비			
병해충					방제							

"정월 모아심기에 장식하는 작은 화분을 만들어보자. 수목의 형태가 나쁜 경우, 간단히 작업할 수 있는 취목으로 재생하면 된다."

취목은 생육기인 4~8월이 적기이다. 백량금은 곁순이 나지 않고, 위로 뻗어나가는 성질이 있다. 아래쪽 잎이 떨어져 수목 형태가 나쁜 경우, 취목으로 재생하면 좋다. 취목할 부분을 정하면 줄기 둘레의 겉껍질을 3~4군데 칼로 깎아낸다. 적당한 크기의 비닐포트에 칼집을 넣어, 줄기를 감싸듯이 씌운다. 스테이플러로 절단면을 고정하고, 불안하면 끈으로 가지에 묶어 고정한다. 적옥토를 채워 넣고 물을 준 뒤 뿌리가 내리기를 기다린다. 흙이 건조하지 않도록 물을 주면서 살핀다. 보통 2~3개월이 지나면 뿌리가 내린다.

실생은 잘 익은 열매를 채취하여 껍질과 과육을 제거하고 종자를 물에 잘 씻는다. 채종한 후 바로 심는다. 편평한 화분에 소립의 적옥토를 넣고, 종자를 하나씩 손가락으로 가볍게 누르듯이 심는다. 부분 차광하여 관리하고 비닐을 씌워 건조하지 않게 하면 대략 1개월 뒤에 발아한다. 4년이 지나면 열매를 맺는다.

취목
휘묻이
★ ★ ★

1 위치 정하기
완성된 모습을 가정하며 취목할 위치를 정한다.

둘레를 3~4군데 깎아낸다.

2 겉껍질 깎아내기
잘 드는 칼로 취목할 부분 둘레를 3~4군데, 반달 모양으로 목질부가 드러날 정도로 깎아낸다.

3 비닐포트 감싸기

적당한 크기의 비닐포트를 잘라 화분 구멍에 취목할 가지를 넣고 감싸듯이 두른 후, 스테이플러로 고정한다.

적옥토

4 끈으로 고정

불안하면 끈으로 고정한 후 적옥토를 가득 채워 넣는다. 작업이 끝나면 화분 바닥에서 물이 흘러나올 만큼 충분히 물을 준다.

실생
종자번식
★ ★ ★

적옥토

종자로 묘목 키우기

종자를 심고 3년 정도 지난 묘목. 익은 열매를 채취하여 바로 심는다. 과육을 제거하고 종자를 꺼내어 물로 씻은 후, 적옥토에 하나씩 심는다. 발아할 때까지 건조하지 않도록 관리한다.

상록풍년화

학 명	*Loropetalum chinense* (R. Br.) Oliv.
영어명	White witch-hazel
일본명	トキワマンサク
과 명	조록나무과
다른 이름	흰꽃풍년화

'토키와[常盤]'라는 이름 그대로, 높이 5~8m까지 자라는 상록소교목이며, 4~5월에 연녹색을 띤 흰색 꽃이 핀다. 꽃잎은 2cm 정도로 작지만, 만개하면 가지 전체에 작은 리본이 매달려 흔들리는 듯이 보인다. 고운 붉은색 꽃이 피는 종도 있다.

관리일정	1월	2월	3월	4월	5월	6월	7월	8월	9월	10월	11월	12월
상태				꽃								
전정	전정					전정						전정
번식		분주				삽목						
비료	시비				시비							
병해충					특별히 없음							

"삽수로는 봄 이후에 자란 충실한 가지를 사용하는 것이 포인트이다."

삽목은 6~8월이 적기이다. 봄 이후에 자란 충실한 가지를 고르고, 8~10cm 길이로 잘라 삽수를 만든다. 위쪽 잎은 조금 남기고 아래쪽 잎은 모두 따내어 물을 준 뒤, 녹소토에 심는다. 부분 차광하여 두고 비닐하우스 안에서 월동시킨다. 화분갈이는 이듬해 3월경에, 적옥토(소립)와 부엽토의 6:4 혼합토를 사용한다. 분주는 2~3월에 한다. 뿌리가 길게 뻗어나간 것을 골라, 모식물에서 전정가위로 잘라내어 분리하거나 손으로 나눈다.

삽목
꺾꽂이
★ ★ ★

1 가지 자르기
삽수로 쓸 가지를 자른다. 햇볕이 잘 드는 곳에서 자란 기세 좋은 가지를 사용한다. 너무 가는 가지는 적당하지 않다.

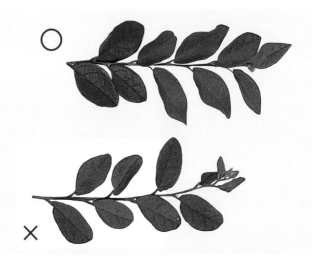

2 삽수 고르기
삽수로 쓸 수 있는 부분과 쓸 수 없는 부분을 잘라 선별한다. 충실한 새싹은 사용하지만, 부드러운 새싹(아래)은 적합하지 않다.

1장만
남긴다.

아래쪽 잎을
따낸다.

3 삽수 만들기
각각 8~10cm 길이로 자르고, 잎을 하나만 남기고 아래쪽
잎을 제거한다.

×

4 잎을 따는 요령
잎을 아래로 당기면 겉껍질이 벗겨지므로, 잎이 달린 위쪽
방향으로 당겨서 떼어낸다.

5 삽수의 절단면
삽수의 절단면은 잘 드는 칼을 이용하여 45도 각도로 반듯
하게 자른다.

6 형성층 드러내기
❺의 가지 반대면도 형성층이 1~2cm 드러나도록 칼로 겉
껍질을 얇게 깎아낸다.

7 삽수의 완성
길이를 맞추고 절단면을 정돈하여 삽수를 완성한다. 잎을
하나만 남기는 것은 증산작용을 가능한 한 억제하기 위한
것이다. 이 상태로 두면 묘목의 크기도 대체로 동일하다.

30분~1시간

8 물주기
❼의 삽수는 30분~1시간 동안 물에 담가두어 물을 충분히
흡수하도록 한다.

9 상토 준비

화분에 녹소토를 채워 넣고 평편하게 고른다. 막대 등으로
구멍을 뚫어 삽수를 심는다.

10 삽수 꽂기

❽의 삽수를 1/2 정도 깊이로 균일하게 꽂고, 포기 쪽을
손가락으로 가볍게 눌러준다.

11 삽목의 완성

삽수를 모두 꽂은 것. 물을 충분히 주고 뿌
리를 내릴 때까지 그늘에서 관리한다.

분주
포기나누기
★ ★ ★

1 화분에서 포기를 분리

크게 자라 화분이 작아지면 분주를 한다.

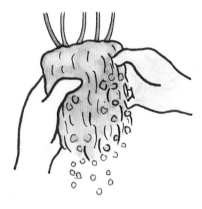

2 흙을 털어내기

화분의 흙을 잘 털어내고 상처 유무나 생장 등 포기
의 상태를 확인한다.

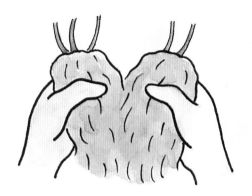

3 포기나누기

줄기에서 길게 뻗어나간 뿌리를 확인하고
포기를 반으로 나눈다. 손으로 나누어도 좋
고, 전정가위를 사용해도 좋다.

적옥토 6 : 부엽토 4

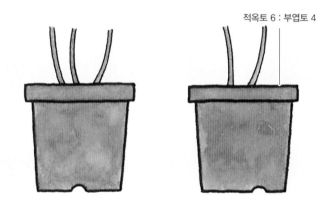

4 각각 화분에 심기

상처 난 뿌리나 너무 길게 뻗은 뿌리를 잘
라 정리하고, 새 화분에 각각 옮겨 심는다.
용토로는 적옥토와 부엽토의 6:4 혼합토를
사용한다.

5 충분한 물주기

옮겨 심은 후에는 물을 충분히 준다. 직사
광선을 피해 밝은 날 그늘에서 관리한다.

서향

학 명	*Daphne odora* Thunb.
영어명	Winter Daphne
일본명	ジンチョウゲ
과 명	팥꽃나무과
다른 이름	서향나무

중국 원산으로 높이 1~2m까지 자라는 상록관목이다. 3~4월에 작은 꽃들이 가지 끝에 공 모양으로 모여 핀다. 향이 훌륭한 서향의 이름은 향료의 일종인 침향나무로 정자형 꽃과 연관된다. 꽃잎처럼 보이는 부분은 포이다. 백화종인 백서향도 있다.

관리일정	1월	2월	3월	4월	5월	6월	7월	8월	9월	10월	11월	12월
상태				꽃								
전정					전정							
번식				취목		삽목·취목			삽목			
비료		시비										
병해충						특별히 없음						

"여름의 건조기에 삽목하므로, 건조에 주의한다.
잎에도 수시로 물을 주며 건조하지 않게 하는 것이 중요하다."

삽목은 6~9월에 한다. 꽃이 진 후 자란 충실한 새 가지를 사용한다. 8~10cm 길이로 잘라 맞추고, 위쪽의 잎 1~2장만 남기고 잎을 따낸다. 절단면의 반대면도 깎아낸다. 1~2시간 동안 물에 담가 물을 흡수하게 한다. 6호의 넓은 화분에 소립의 녹소토를 넣고, 삽수를 반 정도 깊이로 꽂는다. 부분 차광하며 흙 표면이 건조하면 물을 준다. 1개월 후부터 천천히 일광에 익숙해지도록 햇볕에 내놓는 시간을 늘려간다. 난지성이므로 추위나 북풍에 약해, 묘목은 비닐하우스에서 월동한다. 용토로는 적옥토(소립)와 부엽토의 6:4 혼합토를 사용한다. 삽목은 뿌리를 내리기 쉽지만, 뿌리가 굵고 부드러워 부러지거나 부패하기 쉽다. 화분갈이를 할 때 뿌리가 상하지 않도록 주의하며 파낸다. 이식에 약하므로 지면에 심을 때는 생장 후 크기를 고려하여, 이동하지 않아도 좋을 장소를 골라 심는다. 취목은 4~8월에 한다.

삽목
꺾꽂이
★ ☆ ☆

1 가지 자르기
삽수로 쓸 가지를 자른다. 햇볕이 잘 드는 곳에서 자란 기세 좋은 가지를 고르고, 충실한 부분을 삽수로 사용한다. 사진의 가지는 곧게 자라 삽목하기 쉬워 보이지만, 도장지(徒長枝. 웃자란 가지)이기 때문에 부드럽고 부착성이 나빠 적합하지 않다.

2 삽수 고르기
왼쪽 사진과 같이 굵고 기운 있는 가지를 고른다. 오른쪽은 너무 가늘어 부적합하다. 삽수로 사용할 부분을 나누어 8~10cm 길이로 자른다. 잎은 2장 정도 남기며, 아래쪽 잎은 따내고 큰 잎은 반으로 자른다.

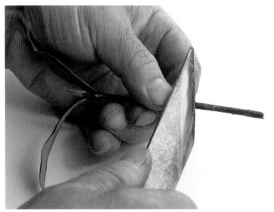

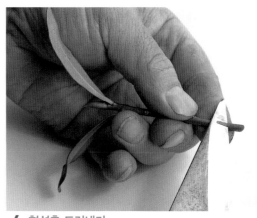

3 삽수의 절단면
칼을 이용하여 삽수의 절단면을 45도 각도로 반듯하게 자른다.

4 형성층 드러내기
❸의 반대면도 형성층이 1~2cm 드러나도록 겉껍질을 얇게 깎아낸다.

5 삽수의 완성
길이를 맞추고 절단면을 정리하여 삽수를 완성한다. 증산작용을 억제하기 위해 아래쪽 잎을 따내거나 잘라낸다. 형성층에서 뿌리가 뻗어 나오기 때문에 절단면을 주의하여 다룬다. 건조하지 않도록 물을 담은 용기에 완성된 것부터 담가두면 좋다. 이렇게 작은 삽수가 수년 후 큰 수목으로 자란다.

1~2시간

녹소토

6 물주기
❺의 삽수를 물에 1~2시간 동안 담가둔다. 물을 충분히 주면 뿌리가 내리기 쉬워진다.

7 삽수 꽂기
화분에 녹소토를 채워 넣고 평편하게 고른 다음 삽수를 1/2 깊이로 균일하게 꽂는다.

취목
휘묻이
★ ★ ★

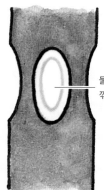

둘레를 3~4군데
깎아낸다.

1 3~4군데 깎아내기
충실한 가지를 골라, 칼로 가지 둘레를
3~4군데 깎아낸다.

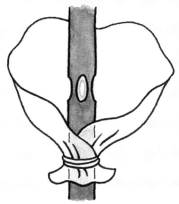

2 비닐 감기
적당한 크기로 자른 비닐을 취목할 위치 아래에 묶
는다.

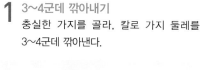

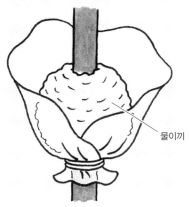

물이끼

3 물이끼로 감싸기
물에 적셔둔 물이끼를 가볍게 짠 후 절단면을 감싼다.

적옥토 + 부엽토

4 화분갈이
뿌리가 내리면 뿌리 아래에서 잘라 분리한
다. 주의하여 물이끼를 제거하고, 화분에 적
옥토와 부엽토의 혼합토로 심는다.

서향 243

식나무

학 명	*Aucuba japonica* Thunb.
영어명	Spotted Laurel
일본명	アオキ
과 명	층층나무과
다른 이름	넓적나무, 청목

높이 1~3m까지 자라는 상록관목으로 암수딴그루이며, 큼직한 잎은 사철 푸르고 광택이 있다. 집의 북쪽이나 현관 등 햇볕이 잘 들지 않는 곳에서도 건강하게 자라 매력적이다. 늦가을부터 겨울철까지 선명하고 붉은 열매를 맺는다. 하얀 열매가 열리는 종과 얼룩무늬가 있는 종도 있다.

관리일정	1월	2월	3월	4월	5월	6월	7월	8월	9월	10월	11월	12월
상태	붉은열매		꽃								붉은열매	
전정						전정						
번식			실생			삽목						
비료												
병해충					특별히 없음							

244

"열매가 잘 맺히는 암나무에서 삽수를 고르는 것이 좋다. 암꽃은 수꽃에 비해 꽃차례가 작은 덩어리로 되어 구분하기 쉽다."

6~8월에 삽목을 한다. 암수딴그루이므로 삽수로 열매가 잘 열리는 암나무를 고르고, 얼룩무늬가 있는 개체는 얼룩이 예쁘게 진 부분을 사용한다. 봄에 자란 가지에서 충실한 부분을 사용해 8~10cm 길이로 자른다. 위쪽 잎을 1~2장 남기고, 큰 잎은 1/2~1/3 정도 남도록 자른다. 물을 담은 용기에 삽수를 1~2시간 동안 담가 물을 흡수하게 한다. 넓은 화분에 녹소토나 적옥토를 넣은 상토에 반 정도 깊이로 꽂는 것이 좋다. 깊이 꽂으면 발근이 나빠지므로 주의한다. 물을 준 뒤에 부분 차광하며 관리한다.

실생으로 번식할 경우, 같은 형질이 나오지 않을 가능성이 있으므로 주의할 필요가 있다. 파종은 3월경이 적기이다. 열매를 채취하여, 과육을 뭉개 안에서 종자를 꺼내고 물로 잘 씻은 후 적옥토에 심는다. 뿌리가 내리면 한동안 그대로 두고, 이듬해 봄에 화분갈이를 한다. 곧은뿌리의 선단을 조금 잘라, 가는뿌리가 클 수 있도록 조치한 뒤 옮겨 심는다.

삽목
꺾꽂이
★ ★ ★

1 가지 자르기
햇볕이 잘 드는 곳에서 자란 건강한 가지를 이용하며, 칼로 8~10cm 길이로 자른다. 왼쪽은 부드러워 사용할 수 없는 가지이다.

2 삽수 만들기
잎은 1~2장만 남기고 아랫부분의 잎을 따내며, 큰 잎은 반으로 자른다. 절단면은 칼로 45도 각도로 반듯하게 자른다. 절단면에서 색이 변하는 부분이 형성층이다. 여기에서 뿌리가 자란다.

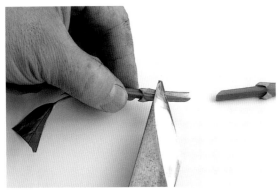

1/2~1/3 남긴다.

3 칼 사용 요령
삽수를 확실히 누른 채 칼날 쪽으로 밀듯이 자르면 절단면
을 반듯하게 자를 수 있다.

4 삽수의 완성
삽수의 길이를 맞추고 절단면을 정돈한다. 길이를 맞추어두
면 관리하기 쉽다. 큰 잎은 1/2~1/3 정도 남겨 증산작용을
억제한다. 절단면이 상하지 않도록 가능한 한 주의하여 다
룬다. 또한 건조하지 않도록 주의한다.

1~2시간

5 물주기
물을 담은 용기를 준비하여, ❹의 삽수를 1~2시간 동안 담
가두어 충분히 물을 흡수하도록 한다.

녹소토

6 삽수 꽂기
화분에 녹소토를 넣고 평편하게 골라, ❺의 삽수를 1/2 깊
이로 균일하게 꽂는다.

7 발근
머지않아 새싹이 돋아나고, 뿌리가 내린다. 녹소토에 심으
면 뿌리가 하얗게 된다.

실생
종자번식
★ ★ ★

1 종자 채취
붉은 과육을 뭉개어 종자를 꺼내고, 물
로 과육을 잘 씻어낸다.

적옥토

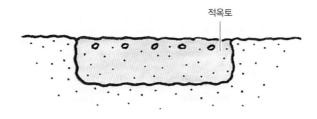

2 종자 뿌리기
종자를 용토에 흩뿌린다.

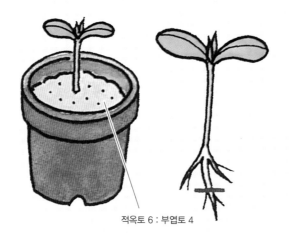

적옥토 6 : 부엽토 4

3 화분갈이
뿌리가 내리면 주의하며 묘목을 파낸
다. 가는뿌리가 길게 뻗어갈 수 있도록
곧은뿌리의 끝을 조금 자른 후 화분갈
이를 한다. 적옥토와 부엽토를 6:4 비
율로 섞은 혼합토를 이용하면 좋다.

애기동백나무

학 명	*Camellia sasanqua* Thunb.
영어명	Sasanqua Camellia, Sasanqua
일본명	サザンカ
과 명	차나무과
다른 이름	차매

높이 3~10m까지 자라는 상록소교목으로 겨울철인 11~1월에 흰색이나 연한 분홍색 꽃이 핀다. 품종에 따라 봄까지 꽃을 피우는 것도 있다. 꽃의 생김새는 동백나무와 비슷하지만 전체적으로 작다. 상록이며 꽃이 가련한 인상을 주므로 꽃꽂이 등에 이용된다. 원예품종도 다양하다.

관리일정	1월	2월	3월	4월	5월	6월	7월	8월	9월	10월	11월	12월
상태	꽃										꽃	
전정			전정			전정						
번식			접목		취목		삽목·취목					
비료		시비										
병해충					방제							

"봄삽목, 여름삽목으로 모두 번식할 수 있다. 삽목은 밝은 날 그늘에서 관리한다."

삽목은 2~3월의 봄삽목과 6~8월의 여름삽목이 가능하다. 봄삽목은 지난해 자란 충실한 가지를 고르고, 여름삽목으로는 그해 봄에 자란 기세 좋은 가지를 사용한다. 삽수는 8~10cm 길이로 잘라 아래쪽의 잎을 따내고, 절단면을 비스듬하게 자르거나 반대면에 칼집을 내준다. 물을 준 뒤 녹소토에 심는다. 작업 중에 삽수가 건조하면 실패하기 쉬우므로 주의한다. 밝은 날 그늘에서 관리하며 화분 갈이는 이듬해 3월에 한다. 3년 정도 지나면 꽃을 피운다.

삽목
꺾꽂이
★ ★ ★

1 가지 자르기
삽수로 쓸 가지를 자른다. 햇볕이 잘 드는 곳에서 자란 기세 좋은 가지를 사용한다. 충실하지 않은 가지는 적당하지 않다.

8~10cm

아래쪽 잎을 따낸다.

2 삽수 만들기
8~10cm 길이로 잘라 잎을 1~2장만 남기고 아래쪽 잎을 따낸다. 칼로 절단면을 약 45도 각도로 자른 후, 반대면도 겉껍질을 얇게 깎아낸다.

1~2시간

3 물주기
❷의 삽수를 1~2시간 동안 물에 담가 충분히 물을 흡수하도록 한다. 삽수의 아래쪽 잎을 따내면 증산 작용이 억제되어 발근을 촉진할 수 있다.

녹소토

4 삽수 꽂기

화분에 녹소토를 채워 넣고 평편하게 고른 뒤, 삽수를 1/2 정
도 깊이로 균일하게 꽂는다. 삽목이 끝나면 물을 충분히 준다.

5 화분갈이

반년 정도 지나면, 새싹이 돋아나고 뿌리도 많이 자란다. 녹
소토에서 자란 것은 뿌리가 하얗게 된다. 이듬해 3월에 묘
목보다 조금 큰 화분을 준비하여 적옥토에 옮겨 심는다.

취목
휘묻이
★ ★ ★

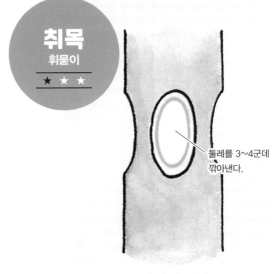

둘레를 3~4군데
깎아낸다.

1 취목할 위치 깎아내기

취목할 위치를 정하면 줄기 둘레 3~4군데의
겉껍질을 얇게 깎아낸다.

물이끼

2 물이끼와 비닐로 감싸기

미리 물에 적셔둔 물이끼로 절단면을 감싸고
비닐로 덮어 끈으로 단단히 묶는다. 건조하지
않도록 주의하고 가끔 위의 끈을 느슨히 하여
물을 주며 뿌리가 내리기를 기다린다.

250

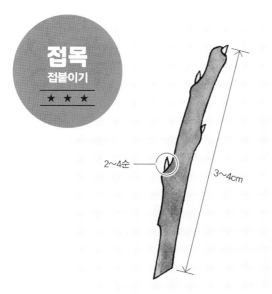

1 접수 만들기
충실한 가지를 사용한다. 순이 2~4개 달리도록
3~4cm 길이로 자른다. 그리고 잘 드는 칼로 겉껍질
을 얇게 깎아 형성층이 드러나도록 한다.

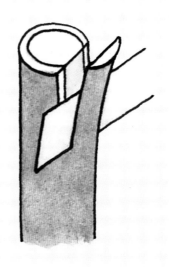

2 대목의 겉껍질 깎아내기
겉껍질과 목질부 사이에 칼집을 내어 형성층이 드러
나게 한다. 접수보다 조금 짧게 잘라두면 좋다.

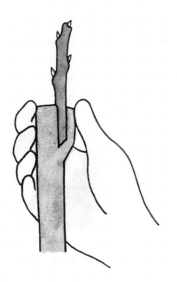

3 접붙이기
대목의 절단면에 접수를 삽입하고 서로 형성층을 확
실하게 맞추어 누른다.

4 접목용 테이프 감기(상세한 내용은 31쪽 참조)
절단면 위에서 접목용 테이프를 2~3회 감고 단단히
묶는다. 건조하지 않도록 공기구멍을 뚫은 비닐봉지
를 위에서 씌워 활착을 촉진한다.

접목
접붙이기
★ ★ ★

2~4순

3~4cm

월계수

학 명	*Laurus nobilis* L.
영어명	Laurel, Sweet Bay
일본명	ゲッケイジュ
과 명	녹나무과
다른 이름	계수나무

고대 그리스와 로마에서 승리와 명예를 상징하였던 월계관은 이 월계수 가지와 잎을 엮어 만든 것이다. 높이 5~15m까지 자라는 상록관목 또는 교목으로 암수딴그루이다. 광택 있는 잎은 향기를 내며, 현재 허브로 이용되고 있다. 흑갈색의 열매는 약용되고 있다.

관리일정	1월	2월	3월	4월	5월	6월	7월	8월	9월	10월	11월	12월
상태						상록						
전정		전정										전정
번식				취목		삽목·취목						
비료		시비										
병해충					방제							

"삽수로는 기세 좋은 가지가 가장 좋다. 성토법이나 곡취법으로 취목이 가능하다."

삽목은 6~8월이 최적이다. 시기가 너무 이르면 아직 여물지 않은 가지가 시들고 말아, 모처럼 한 작업이 실패로 끝날 수 있다. 삽수로 쓸 봄에 자란 기세 좋은 새 가지를 8~10cm 길이로 자르고 아래쪽의 잎을 따낸다. 물을 준 뒤 녹소토에 심고 이듬해 3월 옮겨 심는다.

또한 움돋이가 많이 돋아나와 성토법으로 취목할 수 있다. 적기는 4~8월이다. 포기에서 자란 가지에 철사를 감고 성토하여 발근을 촉진한다.

삽목
꺾꽂이
★ ★ ★

1 가지 자르기
삽수로 쓸 가지를 자른다. 햇볕이 잘 드는 곳에서 자란 건강한 가지를 사용한다.

3 삽수의 절단면
잘 드는 칼을 이용하여 삽수의 절단면을 45도 각도로 반듯하게 자른다.

2 삽수 만들기
8~10cm 길이로 나누어 잘라 삽수를 만든다. 충실한 가지만 사용한다.

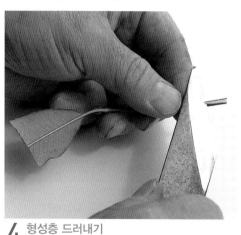

4 형성층 드러내기
❸의 반대면도 형성층이 1~2cm 드러나도록 겉껍질을 얇게 깎아낸다.

5 삽수의 완성
잎은 1~2장만 남기고 아래쪽의 잎을 모두 따낸다. 남은 잎 중 큰 잎은 반으로 잘라두는 것이 좋다.

녹소토

30분~1시간

6 물주기
물을 담은 용기에 ❺의 삽수를 30분~1시간 동안 담가 물을 흡수하게 한다.

7 삽수 꽂기
화분에 녹소토를 채워 넣고 평편하게 고른 다음 삽수를 1/2 정도 깊이로 꽂고 물을 준다.

취목
곡취법
★ ★ ★

2cm

1 목질부 드러내기
폭 2cm 정도로 둥글게 겉껍질을 깎아내어 목질부가 드러나도록 한다.

2 가지 구부리기
가지를 구부려서 ❶의 환상박피된 부분을 땅에 심는다.

3 고정하여 심기
취목할 가지를 구부린다. 갈라진 가지를 사용해서 휜 가지를 눌러 고정한다.

4 흙 덮기
전체를 덮을 수 있도록 봉긋하게 흙을 쌓는다. 물을 충분히 주고 상태를 살핀다.

5 발근
반년 정도 지나면 뿌리가 내린다. 뿌리가 많이 뻗어나간 것을 확인할 수 있다. 그 상태에서 잘라 화분갈이를 한다.

취목
성토법
★ ★ ★

2cm

1 위치 정하기
취목할 위치를 정하면 여분의 잎을 따내고, 줄기의
겉껍질에 칼집을 낸다.

2 목질부 드러내기
겉껍질을 2cm 폭으로 둥글게 깎아내어 목질부가 드
러나게 한다(환상박피). 폭이 좁으면 위아래의 형성층
이 붙어버리는 경우가 있다.

3 철사 감기
❷의 겉껍질을 깎은 아랫부분에 철사를 단단히 감아
둔다.

4 흙 뿌리기
취목한 위치가 보이지 않도록 흙을 봉긋하게 덮어
준다.

5 발근
반년 정도 지나면 뿌리가 내린다. 취목한 부분에서
뿌리가 많이 자라면 모식물에서 분리하여 화분에 심
는다.

일본철쭉(영산홍)

학 명	*Rhododendron indicum* (L.) Sweet
영어명	Satsuki Azalea
일본명	サツキ
과 명	진달래과
다른 이름	양철쭉, 왜철쭉, 두견화, 홍색두견화, 오월철쭉, 구루메철쭉

높이 0.5~1m까지 자라는 상록관목으로 정원수는 물론 분재로도 즐길 수 있어 애호가가 많다. 원예품종이 많으며 흰색, 주홍색, 연분홍색 등의 꽃이 다채롭다. 5~6월에 철쭉과 닮은 꽃이 포기 가득 봉긋하게 무리지어 핀다.

관리일정	1월	2월	3월	4월	5월	6월	7월	8월	9월	10월	11월	12월
상태					꽃							
전정						전정						
번식		삽목		취목		삽목·취목						
비료		시비										
병해충					방제							

"여름삽목은 뿌리를 내리기 쉬워서 초보자도 쉽게 도전할 수 있다. 철쭉과 동일한 방법으로 가능하다. 삽수를 만들 때는 꽃의 빛깔과 가지 형태에 특징이 있는 것을 고른다."

삽목은 개화 전인 2~3월 초순의 봄삽목과 새 가지가 여물어가는 6~8월의 여름삽목이 있다. 봄삽목은 지난해 자란 가지로 충실한 것을 사용하고, 여름삽목은 꽃이 진 후 뻗어나가는 새 가지에서 생육이 좋은 것을 고른다. 봄삽목은 일찍 생장하지만, 여름삽목은 발근하기 쉬워 보다 간단하다. 방법은 참꽃나무와 동일하다. 삽수는 10cm 길이로 자르고, 절단면을 비스듬하게 정돈하여 물을 준 후, 소립의 녹소토에 꽂는다. 건조하지 않도록 여름에는 직사광선을 피한다. 2년 정도 그 상태로 키워 봄에 화분갈이를 한다.

취목은 4~8월이 적기인데 곡취법과 성토법이 일반적이다. 곡취법은 지면 쪽으로 굽은 아래 가지를 휘어 땅에 심은 후 발근시킨다. 가지가 제자리로 돌아가지 않도록 말뚝으로 고정한다. 성토법은 취목할 부분에 철사를 감아, 성토할 뿌리를 내는 것이다. 양쪽 모두 발근하면 모식물에서 분리한다. 분재를 만들 경우에는 나무 형태를 고려하면서 취목 위치를 정한다.

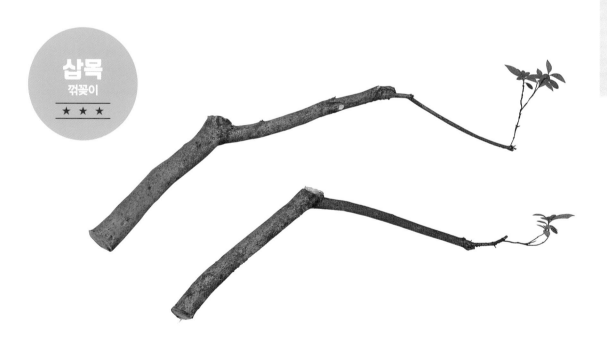

삽목
꺾꽂이
★★★

1 가지 자르기
밭에서 포기를 파낼 때, 굵은 가지를 이용해 재빨리 분재를 만드는 방법이다. 선단의 잎을 2~3장 남기고 가지를 자른다. 일반 삽목은 참꽃나무(261쪽 참조)와 동일하게 작업한다.

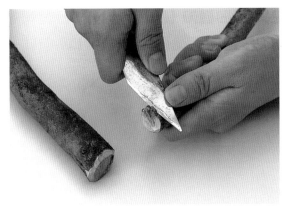

2 삽수 만들기
잘 드는 칼로 절단면을 예각으로 자르고, 가지 둘레를 깎아
내어 형성층이 상한 것을 잘라낸다.

3 삽수의 완성
물을 흡수하기 쉽고 뿌리를 잘 내리도록 겉껍질을 깎아낸
것이다. 색이 변하는 부분이 형성층이다.

녹소토

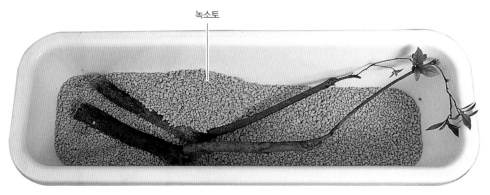

4 상토
가지의 길이에 맞추어 플랜터(식물 재배용 용기)를 준비하고 녹소토를 반 정도 채워 넣은 뒤에 ❸의 삽수를 눕히듯이 넣는다.

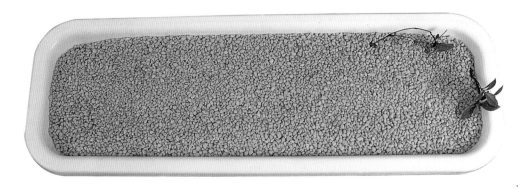

5 삽목의 완성
선단을 조금 남기고, 녹소토로 전체를 덮는다. 가지가 긴 경우에는 이렇게 옆으로 눕혀 심는다. 발근하면 뿌리를 아래로 하여 화
분갈이를 한다.

취목
휘물이
★ ★ ★

1 위치 정하기
취목할 위치를 정한다. 가지 형태를 보고 취목 후의 가지, 모식물의 가지 상태를 고려하며 결정한다. 취목하기 쉽도록 곧게 자란 부분을 고르는 것도 요령이다.

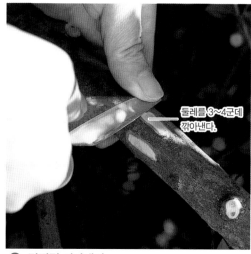

둘레를 3~4군데 깎아낸다.

2 겉껍질 깎아내기
가지 둘레에 3~4군데 칼집을 넣고 겉껍질을 1~2cm 길이의 반원형으로 얇게 깎아내어 형성층이 드러나도록 한다. 절단면의 색이 변하는 부위가 형성층이다.

3 비닐포트 감싸기
비닐포트를 준비하여 가위로 잘라, 취목할 가지를 감싸듯이 두르고 스테이플러로 고정한다.

적옥토

4 흙 채워 넣기
불안하면 비닐포트에 스테이플러로 끈을 고정하여 가지에 매달고 적옥토를 넣는다. 물을 주며 뿌리가 내리기를 기다린다.

일본철쭉(영산홍) 259

참꽃나무

학 명	*Rhododendron weyrichii* Maxim.
영어명	Manchurian Azalea
일본명	ホンツツジ
과 명	진달래과
다른 이름	신달위, 척촉

높이 0.5~3m까지 자라는 상록관목으로 전국 각지에 분포되어 있다. 세계적으로 손꼽힐 만큼 품종이 다양하다고 한다. 4~5월에 흰색, 복숭아색, 자홍색, 노란색 등 여러 빛깔의 꽃이 다채롭게 핀다. 큰 원형으로 피는 오오무라사키, 낙엽종인 딜라타툼철쭉, 작고 가련한 미야마키리시마 등이 있다.

관리일정	1월	2월	3월	4월	5월	6월	7월	8월	9월	10월	11월	12월
상태				꽃								
전정						전정						
번식			실생	실생·취목	취목		삽목·취목					
비료		시비				시비						
병해충							방제					

"삽목의 용토로는 약산성의 녹소토가 최적이다.
털진달래는 실생으로 번식한다."

삽목은 6~8월이 적기이다. 삽수로는 봄에 자란 새 가지 중에서 충실한 것을 고른다. 8~10cm 길이로 잘라 아래쪽 잎을 따낸다. 절단면을 비스듬하게 자르고 물을 준 후, 소립의 녹소토에 꽂는다. 깊이 꽂으면 발근이 나빠지므로 반 정도 깊이로 꽂는다. 부분 차광하여 관리하고 건조하지 않도록 주의한다. 털진달래, 딜라타툼철쭉 등은 발근하기 어려우므로, 실생으로 번식시킨다. 3~4월에, 물로 부풀린 파종 전용 바닥에 종자를 흩뿌린다.

삽목
꺾꽂이
★ ★ ★

1 가지 자르기
6~8월에 삽수로 쓸 가지를 자른다. 햇볕이 잘 드는 곳에서 자란 충실한 가지를 사용한다.

2 삽수 고르기
삽수로 쓸 수 있는 부분과 쓸 수 없는 부분으로 잘라 선별한다. 충실한 새 가지는 사용할 수 있지만 부드러운 새 가지는 적합하지 않다.

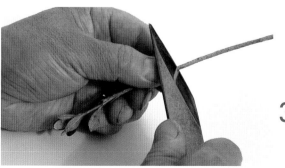

3 삽수 만들기
각각 8~10cm 길이로 자르고, 잎은 몇 장만 남기고 아래쪽 잎을 따낸다. 칼을 이용하여 절단면을 45도 각도로 반듯하게 자른다.

4 형성층 드러내기

❸의 가지 반대면도 형성층이 드러나도록 칼로 겉껍질을 얇게 깎아내어, 물을 흡수하는 면적을 크게 한다.

아래쪽 잎을 따낸다.

5 삽수의 완성

삽수의 길이를 맞추고 절단면도 정돈한다. 잎이 작아서 아래쪽 잎을 따낼 때는 손으로 훑듯이 하면 쉽게 떨어진다.

30분~1시간

6 물주기

물을 담은 용기에 ❺의 삽수를 30분~1시간 동안 담가둔다. 충분히 물을 흡수하면 뿌리가 내리기 쉬워진다.

녹소토

7 삽수 꽂기

화분에 녹소토를 채워 넣고 평편하게 고른 후 1/2 정도 깊이로 꽂는다. 막대로 구멍을 뚫은 후 심어도 좋다.

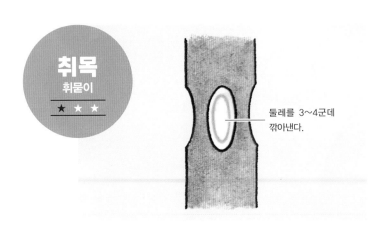

취목
휘묻이
★ ★ ★

둘레를 3~4군데 깎아낸다.

1 겉껍질 깎아내기

취목할 위치를 정하면 가지 둘레를 3~4군데 칼로 깎아낸다.

물이끼

2 물이끼와 비닐로 덮기
미리 물에 적셔둔 물이끼로 절단면을 감싸고, 비닐봉지로 덮어 끈으로 묶는다.

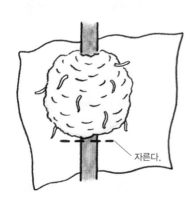

자른다.

3 발근
뿌리가 내리면 곧바로 아래를 자른다. 비닐을 걷어내고 물이끼를 제거한 후 화분에 심는다.

실생
종자번식
★ ★ ★

1 채종
갈색의 꼬투리 안에 종자가 들어 있다. 꼬투리마다 손으로 종자를 꺼내고, 체에 쳐서 종자와 껍질을 구분한다.

2 종자 뿌리기
종자가 작으므로 부풀린 파종 전용 바닥에 흩뿌린다. 두꺼운 종이 위에 종자를 올려놓고, 손가락으로 탁탁 쳐서 균일하게 흩뿌린다.

3 발아
작업이 끝나면 저면급수를 하고, 그늘에서 관리한다. 1개월 후 종자가 무수히 발아한다.

4 발아 상태
머지않아 조그마한 종자에서 이렇게 기세 좋은 순이 돋아난다. 순이 일제히 자라난 상태를 알 수 있다. 무성하면 솎아내도 좋다.

초령목

학 명	*Michelia compressa* (Maxim.) Sarg.
영어명	Compressed Michella
일본명	オガタマノキ
과 명	목련과
다른 이름	귀신나무

초령목의 이름은 영을 부른다는 '초령(招靈)'에서 유래된 것이다. 예전에는 신전에 이 꽃을 바치던 풍습이 있었고 오늘날에도 신사의 경내에서 초령목을 쉽게 발견할 수 있다. 높이 10~15m까지 자라는 상록교목으로, 3~4월 잎겨드랑이에서 살구색을 띤 연노랑 꽃이 피며 향기도 좋다.

관리일정	1월	2월	3월	4월	5월	6월	7월	8월	9월	10월	11월	12월
상태			꽃									
전정	전정						전정					전정
번식				취목·분주		삽목·취목·분주						
비료		시비										
병해충						특별히 없음						

"삽목의 배수를 위해 중립의 녹소토를 화분 바닥에 깔면 좋다. 취목은 작업 후 충분히 물을 뿌려 적옥토의 미세한 가루를 흘려보낸다."

6~8월에, 충실한 새 가지를 삽목으로 번식시킨다. 삽수는 8~10cm 길이로 나누어 자르고, 칼로 절단면을 정리한 뒤 물을 준다. 6호 화분을 준비하고, 배수를 위해 화분 바닥에 중립의 녹소토를 가볍게 깔고 그 위에 소립의 녹소토를 채워 넣는다. 삽수를 반 정도 깊이로 꽂은 뒤에 물을 주며 부분 차광으로 관리한다. 머지않아 뿌리가 내리지만, 화분갈이는 이듬해 3~4월에 한다. 어린 묘목은 추위에 약하므로 겨울에는 비닐하우스와 같이 따뜻한 곳에 두면 좋다. 취목은 4~8월의 생육기가 적기이다. 줄기 둘레의 겉껍질을 칼로 둥글게 깎고, 칼집을 넣은 비닐포트로 감싼 뒤 적옥토를 넣는다. 건조하지 않도록 물을 주면서 뿌리가 내리기를 기다리고, 뿌리가 많이 자라면 모식물로부터 분리하여 옮겨 심는다.

포기 쪽에서 가지가 뻗어 나오기 때문에 분주도 가능하다. 분주는 4~8월이 적기이다. 포기를 나눌 뿌리 쪽에 흙을 쌓아 발근을 촉진한다. 화분갈이는 이듬해 3월경에 한다.

삽목
꺾꽂이
★ ★ ★

1 가지 자르기
삽수로 쓸 가지를 자른다. 햇볕이 잘 드는 곳에서 자란 충실한 가지를 준비하고, 8~10cm 길이로 자른다.

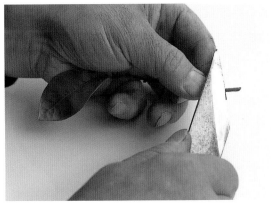

2 삽수 만들기

잘 드는 칼을 이용하여 절단면을 45도 각도로 반듯하게 자른다.

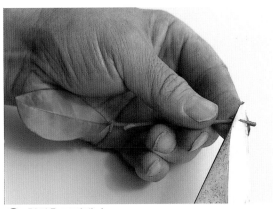

3 형성층 드러내기

❷의 반대면도 형성층이 1~2cm 드러나도록 칼로 겉껍질을 얇게 깎아낸다.

큰 잎은 반으로 자른다.

4 삽수의 완성

증산작용을 억제하기 위해 잎은 1~2장만 남기고 아래쪽 잎을 따내며, 큰 잎은 반으로 잘라준다. 길이를 맞추고 절단면도 정돈하면 삽수가 완성된다. 길이를 맞추어두면 이후의 생장이 비슷해 관리하기가 편하다. 절단면은 뿌리가 나오는 중요한 부분이므로 상하지 않도록 주의하여 다룬다.

녹소토

1~2시간

5 물주기

물을 담은 용기에 ❹의 삽수를 1~2시간 동안 담가둔다. 물을 충분히 흡수하게 하면 뿌리를 내리기 쉬워진다.

6 삽수 꽂기

6호 화분의 바닥에 중립의 녹소토를 가볍게 깔고, 그 위에 소립의 녹소토를 채워 넣어 평편하게 고른 뒤, 삽수를 1/2 정도 깊이로 균일하게 꽂는다.

취목
휘묻이
★ ★ ★

1 위치 정하기
취목의 위치를 정하고 1~2cm 폭으로 칼집을 넣어,
겉껍질을 목질부까지 깎아낸다.

2 비닐포트 감싸기
적당한 크기의 비닐포트를 잘라 화분 구멍으로 줄기
가 지나가도록 넣은 후, 스테이플러로 고정한다.

적옥토

3 끈으로 고정
❷가 불안하면 끈으로 묶은 다음 스테이플러로 고정
한다.

4 적옥토 채워 넣기
모종삽으로 ❸의 비닐포트에 적옥토를 넣어준다.
그리고 화분 바닥으로 흘러나올 만큼 충분히 물을
준다.

치자나무

학 명	*Gardenia jasminoides* J. Ellis
영어명	Gardenia, Cape Jasmine
일본명	クチナシ
과 명	꼭두서니과
다른 이름	치자, 산치자

높이 1~3m까지 자라는 상록관목이며, 5~6월에 지름 5~8cm의 순백색 꽃이 피어, 광택 있는 짙은 녹색 잎 사이에서 돋보인다. 꽃은 달콤하고 농후한 향기를 뿜는다. 열매는 약용하거나 염료로 이용한다. 서양종인 가르데니아는 일본 치자나무보다 꽃이나 잎이 크고 분위기가 화려하다.

관리일정	1월	2월	3월	4월	5월	6월	7월	8월	9월	10월	11월	12월
상태					꽃							
전정		전정					전정					전정
번식						삽목						
비료		시비										
병해충							방제					

"건조에 약하므로 삽목 후 건조하지 않도록 관리하는 것이 성공의 열쇠이다. 서양종 치자나무도 같은 방식으로 삽목할 수 있다."

삽목으로 번식시키는 것이 손쉽고 간단한 방법이다. 봄에 자란 새 가지 중에서 생육이 활발한 것을 삽수로 고르는데, 6~8월이 적기이다. 개화 시기와 겹치므로, 꽃을 즐긴 후 삽수를 만들어도 좋다. 삽수는 8~10cm 길이로 잘라 잎을 1~2장 남기고 아래쪽의 잎을 따낸 뒤 절단면의 반대면에도 칼집을 낸다. 충분히 물을 준 뒤 녹소토나 적옥토에 심는다. 배수를 위해 화분 바닥에 대립의 녹소토를 깔고 그 위에 소립을 넣는다. 인기 많은 가르데니아(서양 치자나무)도 같은 방식으로 삽목할 수 있다. 치자나무는 난지성(暖地性) 수목으로 겨울의 추위와 건조에 약하다. 간토 이북에서는 비닐하우스에서 월동한다. 화분갈이는 이듬해 3월경에 한다. 묘목보다 조금 큰 화분을 준비하고, 적옥토와 부엽토의 6:4 혼합토에 옮겨 심는다. 충분히 물을 주고 햇볕이 잘 드는 곳에 두면 3년이 지나 꽃을 피울 수 있다.

삽목
꺾꽂이
★ ★ ★

8~10cm

1 가지 자르기
햇볕이 잘 드는 곳에서 자란 충실한 가지를 사용한다. 가지는 8~10cm 길이로 자르고, 잎은 1~2장 남기고 아래쪽의 잎을 따낸다.

2 삽수의 절단면
절단면을 잘 드는 칼로 45도 각도로 반듯하게 자른다. 줄기를 꼭 누른 채, 칼날 쪽으로 밀면 잘 잘린다.

3 형성층 드러내기
❷의 가지 반대면도 형성층이 1~2cm 드러나도록 칼로 겉껍질을 얇게 깎아낸다.

큰 잎은 반으로
자른다.

30분~1시간

4 삽수의 완성
길이를 맞추고, 절단면을 정리하여 삽수를 완성한다. 증산
작용을 억제하기 위해 큰 잎은 반으로 잘라준다.

5 물주기
물을 담은 용기에 ❹의 삽수를 30분~1시간 동안 담가둔다.
물을 충분히 흡수하게 하면 뿌리를 쉽게 내릴 수 있다.

녹소토

6 삽수 꽂기
화분에 적옥토를 채워 넣고 표면을
평편하게 고른 후, 삽수를 1/2 정도
깊이로 균일하게 꽂는다.

7 발근
생육이 좋은 것은 금세 순이 돋아
나고, 뿌리도 기세 좋게 뻗어나간
다. 녹소토에 삽목한 것은 뿌리가
하얗게 된다. 녹소토 대신에 적옥토
를 사용해도 좋다. 묘목보다 조금
큰 화분을 준비하여 소립의 적옥토
를 채우고 옮겨 심는다.

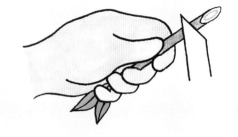

1 삽수 만들기
충실한 가지를 골라 8~10cm 길이로 자른다.

2 삽수의 절단면
잘 드는 칼로 삽수의 절단면을 45도 각도로 반듯하게 자르고 반대면도 겉껍질을 얇게 깎아낸다.

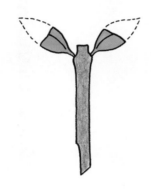

30분~1시간

3 잎을 반으로 자르기
증산작용을 억제하기 위해 잎은 1~2장 남기고, 아래쪽의 잎을 따낸다. 남긴 것 중에서 큰 잎은 반으로 자른다.

4 물주기
물을 담은 용기에 삽수를 꽂고 30분~1시간 동안 담가 물을 충분히 흡수하도록 한다.

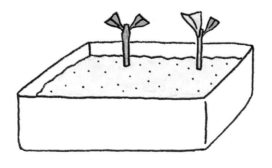

5 삽수 꽂기
육묘상자에 녹소토나 적옥토를 넣고 평편하게 고른 뒤, 삽수를 균일하게 꽂는다. 가지의 1/2 정도 깊이로 꽂는 것이 좋다. 물을 충분히 주고 밝은 날 그늘에서 관리한다.

삽목
가르데니아의 삽목
★　★　★

협죽도

학 명	*Nerium oleander* L.
영어명	Common Oleander, Rosebay
일본명	キョウチクトウ
과 명	협죽도과
다른 이름	류선화, 유도화

인도 원산으로 높이 3~5m까지 자라는 상록관목이다. 7~9월에 여름 더위를 아랑곳하지 않고, 잇따라 희고 붉은 꽃을 피운다. 꽃은 지름이 2~3cm이고 향기가 있다. 햇볕이 잘 드는 장소라면 환경이 조금 좋지 않은 고속도로변이나 공원에서도 크게 뻗어나간다.

관리일정	1월	2월	3월	4월	5월	6월	7월	8월	9월	10월	11월	12월
상태							꽃					
전정	전정					전정						전정
번식		분주				삽목						
비료	시비											
병해충					특별히 없음							

"삽목은 생육기에 하는 것이 가장 좋다. 큰 포기로 자라 가지가 무성한 것을 분주하는 것이 좋다."

6~8월의 생육기에 삽목을 한다. 지난해 자란 건강한 가지를 골라 8~10cm 길이로 자른다. 아랫부분의 잎을 따고, 절단면을 비스듬하게 자른다. 물을 준 뒤, 넓은 화분에 녹소토를 채워 넣고 평편하게 골라 삽수를 꽂는다. 생육이 빨라 삽목한 지 2년이 지나면 꽃을 피운다.

분주는 2~3월에 한다. 포기가 크게 자라 가지가 무성한 것이 적당하다. 흙을 파내어 뿌리의 상태가 좋은 순을 몇 개 선별하여 포기에서 분리한다.

삽목
꺾꽂이
★ ★ ★

1 가지 자르기
삽수로 쓸 가지를 자른다. 햇볕이 잘 드는 곳에서 자란 기세 좋은 가지를 사용하면 좋다.

2 삽수 만들기
8~10cm 길이로 나누어 잘라 삽수를 만든다. 충실한 새싹은 사용해도 좋지만, 부드러운 새싹은 적당하지 않다.

3 아랫부분의 잎 따내기
잎은 1~2장만 남기고 아랫부분의 잎을 따낸다. 아래로 당기면 겉껍질이 벗겨지므로, 잎을 위로 당기듯이 따내는 것이 좋다.

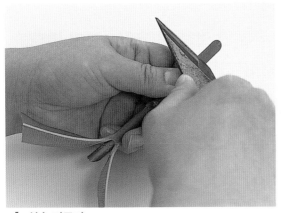

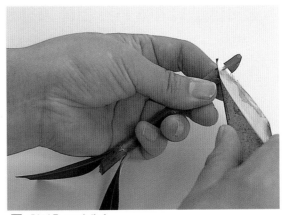

4 삽수 자르기
잘 드는 칼을 이용하여 절단면을 45도 각도로 반듯하게 자른다.

5 형성층 드러내기
❹의 반대면도 형성층이 1~2cm 드러나도록 겉껍질을 얇게 깎는다.

1~2시간

6 삽수의 완성
길이를 맞추고 절단면을 정돈하여 삽수를 완성한다. 큰 잎은 반으로 잘라 증산작용을 억제한다.

7 물주기
물을 담은 용기에 ❻의 삽수를 1~2시간 동안 담가 물을 충분히 흡수하게 한다.

녹소토

8 삽수 꽂기
화분에 녹소토를 넣고 평편하게 고른 뒤, 삽수를 1/2 정도 깊이로 꽂는다. 미리 막대나 나무젓가락으로 구멍을 뚫고 꽂아도 좋다.

분주
포기나누기
★ ★ ★

1 포기 파내기
여러 갈래로 크게 자라면 모종삽으로 반 정도 파낸다.

2 포기 쪽을 톱으로 자르기
흙을 털어내고, 뿌리 상태가 좋은 부분의 적당한 위치에서 2~3순으로 나눈다. 뿌리가 굵으면 톱을 사용한다.

3 흙을 다시 메우기
분주한 뒤 움푹 파인 부분을 흙으로 다시 메운다. 분주한 포기는 다른 장소나 화분에 심는다.

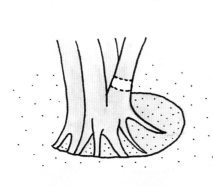

1 환상박피로 번식하는 방법
포기 아래까지 파내어 환상박피로 뿌리를 내린 후 분주하는 방법도 있다.

2 성토하기
겉껍질을 깎은 부분을 메우듯이 두껍게 흙을 덮어둔다. 부엽토 등을 섞어도 좋다. 뿌리가 나온 가지를 나누면 된다.

홍가시나무

학 명	*Photinia glabra* (Thunb.) Maxim.
영어명	Japanese photinia
일본명	ベニカナメ
과 명	장미과
다른 이름	홍가시

중국과 한국 원산으로 높이 4~5m까지 자라는 상록소교목이다. 붉은색의 어린잎이 매력적이다. 5~6월에 메밀꽃과 비슷한 작고 하얀 꽃이 가지마다 많이 달린다. 가지가 빽빽하여 꽃꽂이 등에 이용된다. 아래 가지가 시들어 잘라내면 새싹이 돋아난다.

관리일정	1월	2월	3월	4월	5월	6월	7월	8월	9월	10월	11월	12월
상태					꽃							
전정						전정						
번식						삽목						
비료		시비										
병해충						특별히 없음						

"새싹이 부드러운 가지는 삽수로 부적합하므로 사용하지 않는다. 구부리면 부러질 정도의 강도를 지닌 충실한 가지를 고르는 것이 요령이다."

삽목의 적기는 6~8월이다. 삽수는 그해 봄 이후에 자란 새 가지 가운데 기세 좋은 가지를 고른다. 잎이 달린 것이 좋다고 해도 너무 부드러운 가지는 부적합하다. 잘 모를 때는 조심스럽게 구부려 보면 알 수 있다. 휘었을 때 부러질 정도의 강도를 지닌 단단한 가지가 기준이 된다. 위쪽의 잎을 1~2장 남기고 아래쪽 잎은 떼어낸다. 절단면의 반대면도 잘 드는 칼로 깎아내어 1~2시간 동안 물에 담가둔다. 6호의 넓은 화분이나 삽목용 상자에 녹소토나 적옥토를 넣어 심고, 충분히 물을 준다. 직사광선을 피하고 부분 차광하여 관리한다. 어린 묘목은 추위에 약하므로 비닐하우스에서 월동시킨다. 화분갈이는 이듬해 3월경, 새싹이 움트기 전에 적옥토(소립)와 부엽토의 6:4 혼합토를 사용한다. 길게 자란 뿌리는 자른 뒤에 화분갈이를 한다. 홍가시나무는 하나의 뿌리가 자란 후에는 거의 뿌리가 나오지 않아 이식이 어려운 종류이다. 가능한 한 햇볕이 잘 드는 곳에 둔다.

삽목
꺾꽂이
★ ★ ★

1 가지 자르기
6~8월에 삽수로 쓸 가지를 자른다. 햇볕이 좋은 장소에서 자란 기세 좋은 가지를 사용하면 좋다.

2 삽수 고르기
삽수로 쓸 수 있는 부분과 쓸 수 없는 부분을 잘라 선별한다. 충실한 새싹은 사용하지만 부드러운 새싹은 적합하지 않다.

3 가지를 구부려 체크
줄기가 굵고 건강해 보여도, 구부렸을 때 사진처럼 휘는 부드러운 가지는 피한다.

4 삽수 만들기
8~10cm 길이로 자르고, 잎은 1~2장 남기고 아래쪽 잎을 따낸다. 칼을 이용하여 절단면을 45도 각도로 반듯하게 자른다.

5 형성층 드러내기
❹의 반대면도 형성층이 1~2cm 드러나도록 겉껍질을 얇게 깎아내어 물을 흡수하는 면적을 크게 한다.

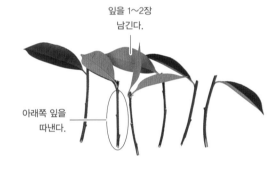

잎을 1~2장 남긴다.

아래쪽 잎을 따낸다.

6 삽수의 완성
길이를 맞추고 절단면을 정돈하여 삽수를 완성한다. 아래쪽 잎을 제거하는 것은 증산작용을 억제하기 위한 것이다.

1~2시간

7 물주기
물을 담은 용기에 1~2시간 동안 삽수를 담가둔다. 충분히 물을 흡수하면 뿌리를 내리기 쉬워진다.

녹소토

8 삽수 꽂기
화분에 녹소토를 채워 넣고 평편하게 고른다. 막대 등으로 구멍을 뚫은 뒤에 꽂아도 좋다. 삽수는 1/2 정도 깊이로 균일하게 꽂는다.

9 직사광선 피하기
물을 충분히 주고, 한랭사 등을 덮어 차광하여 그늘에서 관리한다.

적옥토 6 : 부엽토 4

10 플레임 안에서 키우기
한랭지에서는 얼지 않도록 플레임 안에서 월동시키면 좋다.

11 화분갈이
이듬해 봄에 화분갈이를 한다. 용토로는 적옥토와 부엽토의 6:4 혼합토를 사용한다.

용어정리 실생편

건과종자 : 건조한 종자. 열매나 꼬투리가 익으면 자연스럽게 벌어져 안에서 종자가 나온다. 노각나무, 철쭉 등에서 볼 수 있다.

다육과종자 : 종자 주위에 과육이 붙어 있는 종자. 매실, 복숭아, 사과, 식나무, 남천 등에서 볼 수 있다. 종자를 심는 경우에는 발아를 억제하는 성분이 포함된 과육을 제거하고 물로 잘 씻는다.

분형근 : 파낸 수목을 감싸고 있는 흙(뿌리 분포가 둥글게 되어 있는 모양).

움돋이 : 새로 돋아 나온 순. 뿌리에서 자라는 줄기를 이른다.

주립치[株立ち] : 한 포기에서 줄기나 가지가 여러 갈래 뻗어 나온 수목. 일본갈기조팝나무, 조팝나무 등이 있다.

혐광성 : 발아 시 빛을 싫어하는 성질. 종자를 뿌린 후, 종자의 두께와 동일한 양의 흙을 덮어준다.

호광성 : 발아 시 빛을 좋아하는 성질. 종자를 뿌린 후, 위에 흙을 덮지 않는다.

홍가시 '레드로빈'

학 명	*Photinia* x *fraseri*
영어명	Photinia red robin
일본명	レッドロビン
과 명	장미과
다른 이름	레드로빈홍가시

홍가시나무의 서양종으로 잎이 다소 큰 것이 특징이다. 높이 4~5m까지 자라는 상록소교목으로 연간 붉은색의 잎이 아름다워, 꽃꽂이나 정원수로 인기가 있다. 건강하고 가지가 잘 뻗어나가며 병에도 강하다. 12~2월에, 가지치기를 해서 수목의 형태를 정돈하면 좋다.

관리일정	1월	2월	3월	4월	5월	6월	7월	8월	9월	10월	11월	12월
상태												
전정							전정					
번식							삽목					
비료		시비										
병해충					특별히 없음							

"삽수는 반 정도 깊이로 꽂는다.
뿌리를 내릴 때까지는 부분 차광으로 관리한다."

6호 화분이나 삽목용 상자에 녹소토나 적옥토를 넣은 상토에 심은 후, 조심스럽게 물을 준다. 직사광선을 피하고 뿌리가 내릴 때까지는 건조하지 않도록 주의한다. 뿌리가 내린 후에는 물의 양을 점차 줄여간다. 묘목은 비닐하우스에서 월동시킨다. 화분갈이는 이듬해 3월 발아하기 전에, 적옥토(소립)와 부엽토의 6:4 혼합토에 심는다. 새 가지의 홍색은 햇볕의 양호에 따라 좌우되므로, 가능한 한 햇볕이 잘 드는 곳에 둔다.

삽목
꺾꽂이
★ ★ ★

○

×

1 가지 자르기
삽수로 쓸 가지를 자른다. 건강한 부분을 골라, 8~10cm 길이로 자른다.

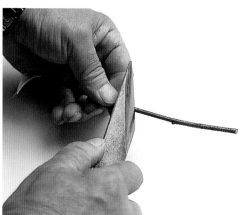

2 삽수 만들기
잎은 1~2장만 남기고 아래쪽 잎을 따낸다. 절단면은 예각으로 자른다.

3 형성층 드러내기
삽수를 반대쪽으로 하고, 겉껍질을 얇게 깎아 형성층이 드러나게 한다.

4 삽수의 절단면
절단면에서 색이 다른 부분이 형성층이다. 여기서 뿌리가 자란다.

5 삽수의 완성
길이를 맞추고 절단면을 정돈하여 완성한다. 잎이 큰 경우에는 반으로 자른다.

1~2시간

6 물주기
❺의 삽수는 1~2시간 동안 물에 담가두어 물을 충분히 흡수하게 한다.

녹소토

7 삽수 꽂기
넓은 화분에 녹소토를 넣고 평편하게 고른 다음, 삽수를 반 정도 깊이로 균일하게 꽂는다.

Part 4

과 수

감나무

학 명	*Diospyros kaki* Thunb.
영어명	Kaki, Persimmon tree
일본명	カキ
과 명	감나무과
다른 이름	돌감나무, 산감나무, 똘감나무, 시수, 시, 시목

감은 가을을 대표하는 과일이다. 크게 나누면 단감계, 떫감계로 나뉜다. 특히 단감계 중 부유(富有), 차랑(次郎) 등이 유명하다. 또한, 작고 예쁜 열매를 맺는 노아시(老鴉柿)는 관상용으로 좋다. 높이 5~10m까지 자라는 낙엽교목으로 5월에 연노랑 꽃이 피며 암꽃과 수꽃이 있다.

관리일정	1월	2월	3월	4월	5월	6월	7월	8월	9월	10월	11월	12월
상태					꽃					열매		
전정		전정					전정					전정
번식			접목	접목·실생								
비료		시비										
병해충							방제					

"대목으로는 산감의 2~3년 된 실생묘가 최적이다.
생육이 왕성한 대목의 순따기를 수시로 하여 생육을 촉진한다."

접목은 2~3월이 적기이다. 대목으로 떫은감을 사용하면, 접수가 단감이라도 떫은맛이 남기 때문에 주의를 요한다. 산감 2~3년생 실생묘가 적당하다. 접수로는 건강한 가지를 이용하며 5~10cm 길이로 자른다. 가지가 굵어 형성층을 드러낼 때 똑바로 자르지 않으면 대목과 밀착되지 않는다. 접목할 위치에서 대목을 잘라 칼집을 넣고 접수를 꽂는다. 대목에서 자란 순은 모두 순따기를 한다. 대목을 만들기 위해서는 실생을 한다.

접목
접붙이기
★ ★ ★

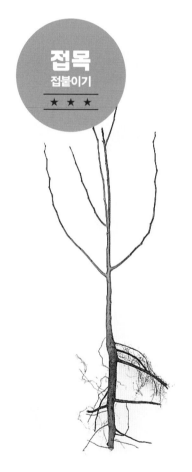

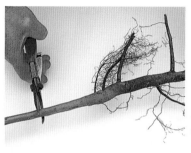

2 대목 자르기
똑바르며 칼을 넣기 쉬운 위치에서 대목을 자른다.

5~10cm

3 접수 자르기
접수를 만든다. 건강한 가지를 골라, 순이 2~4개 달리도록 자른다.

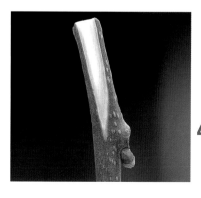

1 대목 고르기
2~3월에 한다. 대목이 될 나무를 고른다. 실생 2년 된 기세 좋은 묘목을 사용한다.

4 접수의 절단면
잘 드는 칼로 절단면을 반듯하게 자르고, 겉껍질을 깎아 형성층이 2~3cm 드러나도록 한다.

5 대목의 형성층 드러내기
대목의 겉껍질과 목질부 사이에
칼집을 넣어 형성층이 드러나게
한다.

6 접붙이기
대목의 겉껍질과 목질부 사이에
접수를 삽입하여 형성층을 맞추
어준다.

7 힘주어 누르기
형성층을 맞추고 대목과 접수가 어긋
나지 않도록 손으로 힘주어 누른다.

8 접목용 테이프 감기
절단면이 건조하지 않도록 위에서 접
목용 테이프를 씌우고. 단단히 감아
묶는다.

9 접목의 완성
접목용 테이프를 묶고 접목을 완성한
다. 동일하게 몇 개를 만들어두어도
좋다.

공기구멍을
뚫는다.

10 비닐봉지 씌우기
알맞은 크기의 화분에 심고, 충분
히 물을 준다. 또한 구멍을 뚫은
비닐봉지를 위에서부터 씌워 건조
하지 않도록 한다.

11 발아
대목의 순은 모두 따내고, 접수의
순은 하나만 남겨 생육을 촉진한다.

실생
종자번식
★ ★ ★

1 채종
익은 열매를 채취하여 과육을 제거하고 종자를 꺼낸다. 과육에는 발아를 억제하는 물질이 포함되어 있으므로 주의한다.

적옥토

2 종자 뿌리기
넓은 화분에 적옥토를 넣고, 작은 판 등을 이용해 평편하게 고른 후 종자를 균일하게 뿌린다.

3 흙 뿌리기
종자를 심은 후 흙을 체로 쳐서 뿌리고 충분한 물을 준 뒤, 밝은 날 그늘에 둔다.

4 발아
종자를 심은 후 머지않아 흙이 봉긋하게 올라오면 새싹이 돋아난 것을 알 수 있다. 건조에 주의한다.

5 순조롭게 자란 모습
발아 후 1개월 정도 지나면 사진처럼 자란다. 떡잎과 본잎이 뻗어 나온다. 이렇게 자라면 이듬해 봄에 옮겨 심는다.

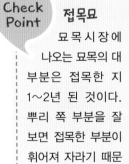

Check Point

접목묘
묘목 시장에 나오는 묘목의 대부분은 접목한 지 1~2년 된 것이다. 뿌리 쪽 부분을 잘 보면 접목한 부분이 휘어져 자라기 때문에 바로 알 수 있다. 확실하게 활착한 기세 좋은 묘목을 고른다.

뜰보리수

학 명	*Elaeagnus multiflora* Thunb.
영어명	Cherry Eleaegnus, Gumi
일본명	ナツグミ
과 명	보리수나무과
다른 이름	여름수유, 목반하, 다화호퇴자, 양내자

원산지는 아시아, 남유럽, 북아메리카이며, 높이 1~3m까지 자라는 낙엽관목으로 건강하고 키우기 쉬운 과수의 하나이다. 가시가 있는 가지에 붉은 열매가 열린다. 여름수유나무나 깜짝수유나무라고도 한다. 대황수유나무는 열매가 크고 달다. 생식하기도 하고 과실주를 담그는 데에도 이용한다.

관리일정	1월	2월	3월	4월	5월	6월	7월	8월	9월	10월	11월	12월
상태						열매						
전정		전정										전정
번식			삽목		취목		삽목 · 취목					
비료		시비										
병해충				방제								

"삽수로 가능한 가지는 단단한 가지가 아니라 은백색의 어린가지이다. 취목은 가지 둘레를 3~4군데 깎아내고 물이끼를 덮어 발근을 촉진한다."

삽목은 2~3월과 6~8월에 한다. 봄에 자란 가지로, 햇볕이 잘 드는 곳에서 자란 충실한 가지를 골라 수목(穗木)을 자른다. 3~4마디를 기준으로 하여 8~10cm 길이로 자르고, 위쪽 잎을 1~2장 남기고 아래쪽 잎을 제거한다. 칼로 절단면을 비스듬하게 자르고 반대면도 얇게 깎아낸다. 30분~1시간 동안 물에 담가두어 물을 흡수하게 하고, 상토에 꽂는다. 6호 넓은 화분을 준비하고 상토로는 녹소토나 적옥토를 넣는다. 절단면이 상하지 않도록 막대 등으로 구멍을 판 후 반 정도 깊이로 삽수를 꽂고, 뿌리 쪽을 가볍게 눌러준 뒤에 물을 준다. 뿌리를 내릴 때까지 부분 차광하며 관리한다.

취목은 생육기인 4~8월에 한다. 취목할 위치를 정하면 3~4군데 겉껍질을 깎아내고 축축한 물이끼로 감싼 뒤 비닐로 덮는다. 뿌리를 내리면 모식물에서 잘라 옮겨 심는다. 대부분의 수유나무는 자가 수분하여 열매를 맺지만, 뜰보리수는 자신의 꽃가루로 열매를 맺지 못해 인공 수분을 한다.

삽목
꺾꽂이
★ ★ ★

8~10cm

1 가지 자르기
삽수로 쓸 가지를 자른다. 햇볕이 잘 드는 곳에서 자란 충실한 가지를 사용한다.

2 삽수 고르기
삽수로 쓸 수 있는 부분과 쓸 수 없는 부분을 잘라 선별한다. 충실한 새싹은 사용하지만, 부드러운 새싹은 부적합하다. 3~4마디를 기준으로 하여 8~10cm 길이로 자른다.

아래쪽 잎을
따낸다.

3 삽수 만들기
잎은 2장 정도 남기고 아래쪽 잎을 따낸다. 손으로 훑어내
면 쉽게 떨어진다.

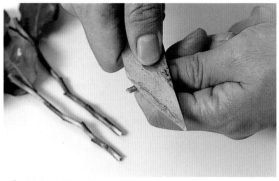

4 삽수의 절단면
칼을 이용하여 절단면을 45도 각도로 반듯하게 자른다. 왼
손으로 삽수를 단단히 누르고 칼날로 밀어내듯이 하면 잘
잘린다.

5 형성층 드러내기
❹의 반대면도 겉껍질을 얇게 깎아내어 형성층이 1~2cm
드러나도록 하여, 물을 흡수할 면적을 크게 해준다.

6 삽수의 완성
길이를 맞추고 절단면을 칼로 정리하여 삽수를 완성한다.
잎이 큰 경우에는 반으로 잘라준다.

30분~1시간

7 물주기
물을 담은 용기에 ❻의 삽수를 30분~1시간 동안 담가두어
물을 충분히 흡수하게 한다.

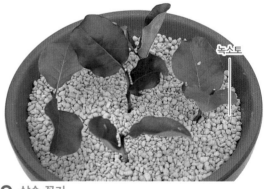

녹소토

8 삽수 꽂기
넓은 화분에 녹소토를 채워 넣고 평편하게 고른 뒤, 삽수를
1/2 정도 깊이로 균일하게 꽂는다. 삽목 작업이 끝나면 물
을 주고 부분 차광하여 관리한다.

취목
휘묻이
★ ★ ★

둘레를 3~4군데
깎아낸다.

1 겉껍질 깎아내기
취목할 위치를 정하면 줄기 둘레를
3~4군데, 반달 모양으로 깎아낸다.

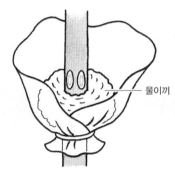

물이끼

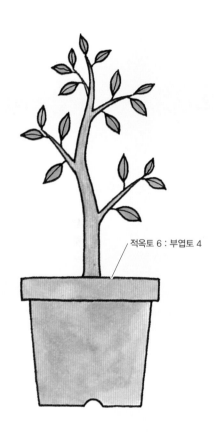

적옥토 6 : 부엽토 4

2 물이끼와 비닐로 덮기
햇볕이 잘 드는 곳에서 자란 기세 좋은 가지를 골라
자른다. 그늘에서 자란 약한 가지는 활착률이 떨어
진다.

3 끈으로 단단히 묶기
물이끼가 뿌리되어 떨어지지 않도록, 비닐로 단단히
덮고 끈으로 고정한다. 가끔 위쪽의 끈을 느슨하게
하여 물을 보충하면서 발근을 촉진한다.

4 화분갈이
뿌리가 내리면 취목의 아랫부분을 자르고, 물이끼를
제거하여 포기에 맞는 화분에 심는다. 용토는 적옥
토와 부엽토의 6:4 혼합토를 사용한다.

매실나무

학 명	*Prunus mume* (Siebold) Siebold & Zucc.
영어명	Japanese apricot tree, Plum blossom
일본명	ウメ
과 명	장미과
다른 이름	매화나무, 매화, 품자매, 고매, 조매, 천지매, 오매

높이 2~8m까지 자라는 낙엽소교목 또는 교목으로, 과수로 이용될 뿐만 아니라 이른 봄 아름다운 꽃을 자랑하는 원예종도 다양하다. 청아한 향기를 지닌 꽃은 흰색, 홍색, 연홍색 등이 있으며, 가지 모양이 운치 있어 애호가가 많다. 가지를 아래로 늘어뜨린 종도 있다. 6월에 익는 열매는 매실장아찌나 매실주 등으로 이용된다.

관리일정	1월	2월	3월	4월	5월	6월	7월	8월	9월	10월	11월	12월
상태		꽃				열매						
전정	전정											전정
번식		접목	접목·실생									
비료					시비							
병해충				방제								

"접목은 새싹이 돋아나기 전 2~3월에 한다.
종류가 다른 매실나무를 접목하여도 재미있다."

접수로는 지난해 자란 충실한 가지를 골라 5~6cm 길이로 자른다. 대목은 2~3년생 야생매화의 실생묘를 사용한다. 접수를 삽입하여 형성층을 맞추고 접목용 테이프로 고정한다. 실생은 잘 익은 열매를 채취한다. 매실주를 담글 때 사용하는 청매실은 부적합하다. 열매껍질과 과육을 제거하고 물에 씻은 종자는 바로 심거나, 저장하였다가 이듬해 3월경 적옥토에 심는다. 종자가 크기 때문에 하나씩 심고 물을 충분히 주면서 부분 차광하며 관리한다.

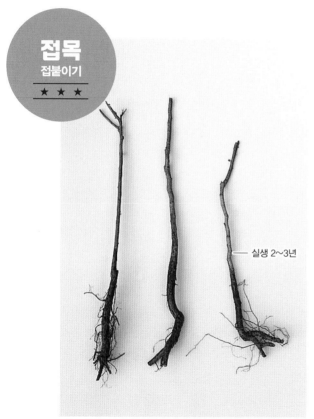

접목
접붙이기
★ ★ ★

실생 2~3년

1 대목
대목이 될 나무를 준비한다. 실생 2~3년생 충실한 묘목을 사용한다.

2 대목 자르기
전정가위로 대목을 자른다. 곧게 자라 접목하기 쉬운 부분을 사용한다.

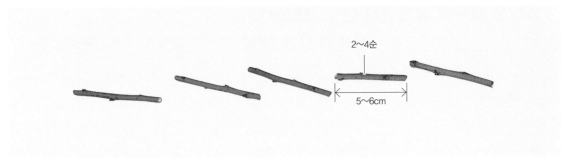

2~4순

5~6cm

3 접수 만들기
접수로는 충실한 가지를 골라 순이 2~4개 달리도록 자른다. 튼실한 선단도 사용한다.

4 접수의 절단면
잘 드는 칼로 절단면을 반듯하게 자르고, 겉껍질을 깎아내어 형성층이 2~3cm 드러나도록 한다.

5 대목의 형성층 드러내기
대목의 겉껍질과 목질부 사이에 칼을 2cm 정도 깊이로 넣어 형성층을 드러낸다.

6 접목용 테이프 감기
대목과 접수의 형성층을 정확하게 맞추고, 위에서 접목용 테이프로 씌워 단단하게 감아 묶는다.

7 접목의 완성
접목이 완성된 것. 동일한 방법으로 몇 개의 접목묘를 만들어 두어도 좋다.

8 화분에 심기
5호 정도 크기의 화분에 심고 충분한 물을 준다.

공기구멍을 뚫는다.

9 비닐봉지 씌우기
건조해지지 않도록 구멍을 뚫은 비닐봉지를 화분 위에서
완전히 씌우고 밑을 라피아로 묶는다.

10 발아
대목과 접수 모두 새싹이 돋아난다.

11 순따기
비닐봉지를 벗기고 대목의 순을 모두 떼어낸다. 접수의
순은 하나만 남긴다.

12 순 키우기
원기 좋은 순 하나만 남겨 생육을 촉진한다.

13 지지대 세우기
새싹도 순조롭게 자라고 있다. 지지대를 세우고 라피아로 고정한다.

14 수개월 후의 접목
순조롭게 생장하고 있다. 열매가 맺기까지는 3년 정도가 걸린다.

Check Point

수양매화의 접목
수양매화를 일반 매화에 접목하여 3년 정도 지난 가지이다. 분홍색 꽃이 기운차게 핀다. 테이프로 묶여 있는 부분이 접목한 부분이다.

동시에 핀 백매화와 홍매화
대목인 백매화와 접목한 수양매화의 꽃이 일제히 핀 것이다. 꽃이 지면 대목의 순을 자른다.

모든 가지를 접목
수양매화는 생육이 느리기 때문에 가지 모양이 보기 좋은 백매화 고목을 대목으로 하여 모든 가지에 접목을 한 것이다.

실생
종자번식
★ ★ ★

1 과육 으깨기
열매를 채취하여 과육을 으깨고 종자를 꺼낸다. 청매실은 익지 않은 것이므로 부적합하다.

적옥토

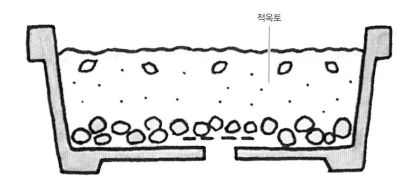

2 종자 뿌리기
소립의 적옥토에 뿌린다. 가볍게 복토하고 물을 준다.

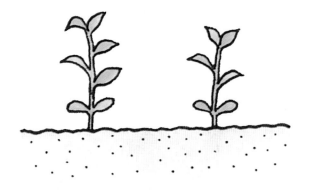

3 발아
밝은 날 그늘에서 관리하면 새싹이 돋아난다. 건강한 뿌리가 나오면 곧은뿌리를 잘라 화분갈이를 한다.

무화과나무

학 명	*Ficus carica* L.
영어명	Common Fig, Fig Tree
일본명	イチジク
과 명	뽕나무과
다른 이름	무화과, 선도, 영일홍, 밀과, 아장

서남아시아 원산으로, 높이 2~4m까지 자라는 낙엽관목이며 암수딴꽃이다. 5~6월에 꽃이 피는데, 꽃은 달걀 모양의 열매 안에서 피기 때문에 외부에서는 보이지 않는다. 한자로 '無花果'라고 쓰는 것은 이 때문이다. 가을이 되면 자갈색의 열매가 익으며, 독특한 식감을 즐길 수 있다.

관리일정	1월	2월	3월	4월	5월	6월	7월	8월	9월	10월	11월	12월
상태					꽃			열매				
전정	전정											전정
번식		삽목			취목							
비료	시비											
병해충		방제										

"취목의 적기는 생육기인 4~8월이다.
가지의 겉껍질을 3~4군데 깎아내고 물이끼로 감싼다."

낙엽기인 2~3월에 삽목을 한다. 삽수는 순이 2~4개 달린, 지난해 자란 충실하고 굵은 가지를 골라 8~10cm 길이로 자르고, 절단면을 비스듬하게 자른다. 물을 준 뒤 녹소토에 반 정도 깊이로 꽂는다. 삽수의 위아래를 혼동하지 않도록 주의한다. 취목은 4~8월이 적기이다. 위치를 정하면 가지 둘레 겉껍질을 3~4군데 깎아내어, 물에 적셔둔 물이끼로 감싸고 비닐로 덮는다. 뿌리가 내리면 모식물로부터 분리하여 옮겨 심는다.

삽목
꺾꽂이
★ ★ ★

1 가지 자르기
2~3월에 삽수로 쓸 가지를 자른다. 햇볕이 잘 드는 곳에서 자란 충실한 가지를 사용하면 좋다.

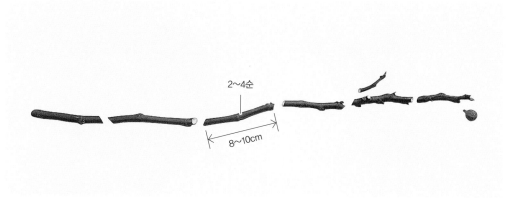

2~4순

8~10cm

2 삽수 만들기
❶의 가지를 순이 2~4개 달리도록 8~10cm 길이로 자른다. 표면이 갈색이라 시든 가지처럼 보이지만, 절단면은 놀랄 만큼 생생하다.

3 삽수의 절단면
잘 드는 칼을 이용하여 45도 각도로 비스듬하게 반듯이 자르고, 가지의 반대면도 겉껍질을 깎아 형성층이 드러나도록 한다.

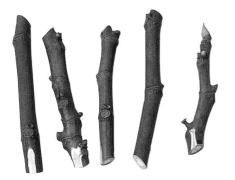

4 삽수의 완성
길이를 잘 맞추고 절단면의 형태를 정돈하여 삽수를 완성한다. 절단면이 건조하지 않도록 완성한 것부터 물에 담가둔다.

30분~1시간

5 물주기
물을 담은 용기를 준비하고, ❹의 삽수를 30분~1시간 동안 물에 담가둔다.

6 삽수 꽂기
화분에 녹소토를 채워 넣고 표면을 평편하게 고른 뒤 ❺의 삽수를 꽂는다. 무화과나무는 다른 수목에 비하여 줄기가 굵지만, 붙임성이 좋아 이 정도 굵은 가지도 쉽게 접붙는다. 절단면이 상하지 않도록 미리 막대 등으로 구멍을 판 뒤에 꽂아도 좋다.

녹소토

7 삽목의 완성
삽수를 균일하게 심은 것. 물을 충분히 주고, 그늘에서 관리한다.

취목
휘묻이
★ ★ ★

둘레를 3~4군데
깎아낸다.

1 취목할 위치 깎아내기
취목할 위치를 정하면, 줄기 둘레를 3~4군데 칼로 깎아낸다.

물이끼

2 물이끼와 비닐로 감싸기
미리 물에 적셔둔 물이끼로 절단면을 감싸고, 비닐로 덮어 끈으로 단단히 고정한다.

3 수분 보충
건조하지 않도록 주의하며 가끔 물을 준다. 위쪽 끈을 느슨하게 하여 수분을 보충해주고 다시 묶어둔다.

자른다.

4 발근하면 잘라서 분리
비닐 안에 뿌리가 꽉 차면, 비닐 바로 아랫부분을 자르고 비닐을 제거한다.

5 물이끼 제거
비닐을 걷어낸 후 물이끼를 조심스럽게 제거한다.

적옥토 6 : 부엽토 4

6 화분갈이
뿌리가 상하지 않도록 주의하며 새 화분에 심는다. 용토로는 적옥토와 부엽토의 6:4 혼합토를 사용한다.

밀감

학 명	*Citrus unshiu* (Yu. Tanaka ex Swingle) Marcow.
영어명	Unishiu Orange, Satsuma Orange, Mandarin Orange
일본명	柑橘類, ミカン, タチバナ
과 명	운향과
다른 이름	귤나무, 온주귤

감귤류는 겨울 과일로 친숙하며 품종도 다양하다. 대표격인 귤 가운데서도 유명한 것이 밀감으로, 높이 2~10m까지 자라는 상록관목 또는 교목이다. 귤은 향이 좋고 이용 범위가 넓으며, 수확기인 겨울에는 작은 오렌지색 열매가 가지 전체를 물들인다.

관리일정	1월	2월	3월	4월	5월	6월	7월	8월	9월	10월	11월	12월
상태	열매						꽃				열매	
전정	전정											
번식			접목									
비료			시비									
병해충					방제							

"탱자나무의 실생묘가 대목으로 최적이다.
대목에 접수를 꽂고 접목용 테이프로 단단히 묶는다."

2~3월이 접목의 적기이다. 접수는 지난해 자란 가지에서 충실한 것을 골라, 5~6cm 길이로 자른다. 대목으로는 탱자나무의 실생묘를 선택한다. 접목할 위치에서 대목을 자르고 겉껍질과 목질부 사이에 칼집을 넣는다. 대목의 절단부에 접수를 꽂아 형성층을 맞추고 접목용 테이프로 고정한다. 증산작용을 억제하기 위해 비닐봉지를 씌우고 부분 차광으로 관리한다. 대목에서 자란 순은 모두 따내어 접수의 생육을 촉진한다.

접목
접붙이기
★ ★ ★

1 대목
2~3월이 최적이다. 대목이 될 나무를 준비한다. 햇볕이 잘 드는 곳에서 자란 기세 좋은 묘목을 사용한다.

2 대목 자르기
전정가위로 대목을 자른다. 높은 위치에서 잘라 접목하면 가지 모양이 좋지 않는다.

2~4순

3 접수 만들기
접수를 만든다. 순이 2~4개 달린 충실한 가지를 골라 자른다. 충실한 선단의 가지도 사용할 수 있다. 잎자루는 남기고 잎을 자른다.

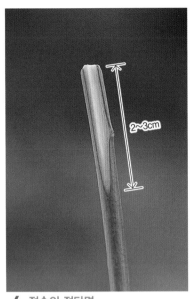

5 대목의 형성층 드러내기
대목의 겉껍질과 목질부 사이에 2cm 정도 칼집을 넣어 형성층이 드러나게 한다.

4 접수의 절단면
칼로 절단면을 반듯하게 자르고, 겉껍질을 깎아 형성층(색이 변하는 부분)이 2~3cm 드러나도록 한다.

6 대목의 절단면
겉껍질을 깎아낸 부분에 접수를 삽입하고 형성층끼리 맞붙인다. 접수의 형성층이 5mm 정도 길게 드러나도록 자르면 좋다.

8 접목의 완성
접목이 완성된 것. 이렇게 작은 접목묘가 1년이 지나면 훌륭하게 생장한다.

7 접목용 테이프 감기
대목과 접수의 형성층을 확실하게 맞추어주고, 접목용 테이프를 2~3회 단단하게 감아 묶는다. 접수의 절단면이 건조하지 않도록 입을 맞추어 두어도 좋다. 가능한 한 주의하며 신속하게 작업한다.

공기구멍을 뚫는다.

9 비닐봉지 씌우기
알맞은 크기의 화분에 심고 물을 충분히 준다. 구멍을 뚫은 비닐봉지를 위에서 씌워 건조하지 않도록 한다.

10 발아
온실에서 관리한 접목. 대목과 접수 모두 새싹이 돋아난다.

순을 하나만 남긴다.

11 순따기
비닐봉지를 벗기고, 대목의 순을 모두 따낸다. 접수의 순도 하나만 남기고 순따기를 한다.

12 순 키우기
기세 좋은 순을 하나만 남겨 생육을 촉진한다. 흙이 건조하지 않도록 주의하며 관리한다.

13 수개월 후의 접목
순조롭게 생장한다. 점차 햇빛에 적응시키며, 어느 정도 자라면 정원에 바로 심어도 좋다.

Check Point

유자나무는 편리한 과수

가지가 휘도록 맺힌 유자. 녹색의 잎 사이에서 선명한 노란빛이 아름답다. 유자차로 만드는 외에도 냄비요리나 잼 등에 이용된다. 정원수로 심어두면 편리하다. 번식방법은 밀감과 같다. 동종으로는 꽃유자가 있다.

밤나무

학 명	*Castanea crenata* Siebold & Zucc.
영어명	Korean castanea
일본명	クリ
과 명	참나무과
다른 이름	조선밤나무, 율목, 보통밤나무

《고사기》에도 등장하는 밤나무는 식용한 역사가 오래되었다. 높이 15~20m까지 자라는 낙엽교목으로, 암수 딴꽃으로 피는 꽃은 6~7월에 15cm 정도의 꽃이삭이 가지 끝에 늘어져 달리며, 독특한 향기를 풍긴다. 가을 날 뾰족한 가시껍질이 벌어지면 안에서 익은 열매가 나온다.

관리일정	1월	2월	3월	4월	5월	6월	7월	8월	9월	10월	11월	12월
상태						꽃			열매			
전정	전정											전정
번식			접목									
비료		시비										
병해충						방제						

"접수로는 햇볕이 잘 드는 곳에서 자란 충실한 가지가 좋다.
1월경에 잘라 비닐로 감싼 후 냉장고에 보관해둔다."

접목은 2~3월이 적기이다. 수목은 지난해 자란 충실한 가지를 1월경에 자른다. 건조하지 않도록 비닐 등으로 감싸, 냉장고(4~6℃)에 넣어둔다. 접목할 시기가 되면 순이 2~4개 달린 가지를 5~6cm 길이로 자르고, 절단면을 비스듬하게 잘라 접수를 만든다. 대목으로는 실생 3~4년 된 묘목을 사용한다. 화분에 심은 채로 또는 땅에 심은 그대로 접목하는 자리접이 활착 후 생육이 좋다.

접목
접붙이기
★ ★ ★

1 대목 자르기
대목으로는 기세 좋은 건강한 묘목을 사용한다. 과수는 대목의 어디에든 접붙여도 좋다.

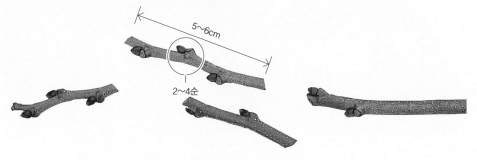

5~6cm

2~4순

2 접수 만들기
충실한 가지를 골라 순이 2~4개 달리도록 자른다. 충실한 선단의 가지도 사용할 수 있다.

3 접수의 절단면
칼로 절단면을 반듯하게 자르고 반대면도 겉껍질을 깎아 형성층이 드러나도록 한다.

4 대목에 칼집 넣기
대목의 겉껍질과 목질부 사이에 칼집을 넣어 형성층이 드러나게 한다. 비스듬하게 자르면 형성층을 쉽게 알아볼 수 있다.

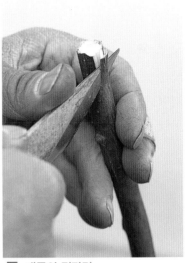

5 대목의 절단면
접수의 절단면보다 조금 짧게 칼집을 넣어도 좋다.

6 접붙이기
대목의 겉껍질과 목질부 사이에 접수를 삽입하고 형성층끼리 확실하게 맞추어 눌러준다.

7 접목용 테이프 감기
접목용 테이프를 감는다. 대목의 절단면이 건조하지 않도록 위에서 테이프를 씌우듯이 2~3회 단단히 감아준다.

8 접목의 완성
접목용 테이프를 감아 접목을 완성한다. 동일하게 몇 개의 접목묘를 만들어두어도 좋다.

9 비닐봉지 씌우기
땅에 심고 물을 충분히 준다. 건조하지 않도록 구멍을 뚫은 비닐봉지를 씌우고 아랫부분을 라피아 등으로 고정한다.

공기구멍을 뚫는다.

10 발아
햇볕이 잘 드는 정원에서 순조롭게 자란 접목. 접수에서 순이 뻗어 나온다.

11 순따기
원기 있는 순 하나만 남기고 순따기를 한다. 대목에서도 순이 움트기 때문에 모두 순따기를 해준다.

하나의 순만 남긴다.

12 순 키우기
순따기가 끝난 것. 이와 같이 생육을 촉진한다.

13 3개월 후의 접목
순조롭게 자란 접목의 상태. 활착하였다고 해도 완전하지 않아, 지지대를 세워두면 좋다.

14 반년 후의 접목
반년이 지나면 이렇게 크게 자란다. 작은 묘목이지만 훌륭하게 꽃이 핀다. 열매를 맺을 때까지는 약 3년이 걸린다.

배나무

학 명	*Pyrus pyrifolia* var. *culta* (Makino) Nakai
영어명	Nashi, Pear
일본명	ナシ
과 명	장미과
다른 이름	배, 일본배나무

높이 2~3m까지 자라는 낙엽교목이다. 행수(幸水), 장십랑(長十郞), 20세기 등의 일본배와 라프랑스 등의 서양배 등 종류가 다양하다. 가정에서 재배하기에는 일본배가 좋다. 자가수분만으로는 열매를 접붙이기 어렵기 때문에, 수확을 위해서는 두 품종을 나란히 심으면 좋다.

관리일정	1월	2월	3월	4월	5월	6월	7월	8월	9월	10월	11월	12월
상태				꽃					열매			
전정	전정											전정
번식			접목									
비료						시비					시비	
병해충												방제

"대목으로는 산배가 적당하다.
과일을 먹고 남은 종자를 심어 대목으로 키워도 좋다."

2~3월에 접목을 하는 것이 일반적이다. 접수로는 햇볕이 좋은 장소에서 자란 지난해 가지를 사용하며, 순이 2~4개 달리도록 5~6cm 길이로 자른다. 대목으로는 산배가 적당하다. 구할 수 없을 때는 과일을 먹고 나서 종자를 심어 대목으로 키운다. 2~3년 후 기세 좋은 대목으로 자란다. 접목할 부분에서 자르고 겉껍질과 목질부 사이에 칼집을 넣은 후, 접수를 삽입하여 고정한다. 증산작용을 억제하기 위해 비닐봉지를 씌우고 부분 차광하며 관리한다.

접목
접붙이기
★ ★ ★

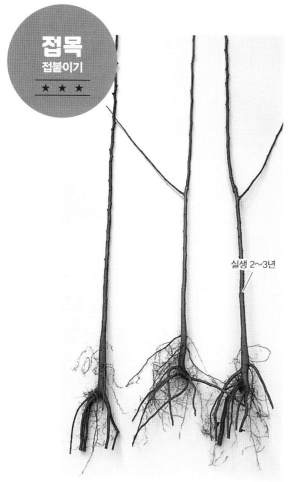

실생 2~3년

1 대목
대목이 될 나무를 준비한다. 실생 2~3년 된 건강한 묘목을 고르면 좋다.

2 대목 자르기
곧게 자라 접목하기 쉬운 부분을 자른다.

5~6cm

2~4순

3 접수
접수로 만들 충실한 가지를 고르고, 순이 2~4개 달리도록 자른다. 충실한 선단도 사용할 수 있다.

4 접수의 절단면
잘 드는 칼로 절단면을 반듯하게 자르고, 반대면도 겉껍질을 깎아 형성층이 2~3cm 드러나도록 한다.

5 대목에 칼집 넣기
대목의 겉껍질과 목질부 사이에 칼집을 넣어 형성층이 드러나게 한다.

6 대목의 완성
접수의 절단면보다 5mm 정도 짧게 칼집을 넣는 것이 좋다.

7 접수 만들기
대목의 겉껍질과 목질부 사이에 접수를 삽입하고, 서로 형성층끼리 확실히 맞추어준다. 손가락으로 눌러준다.

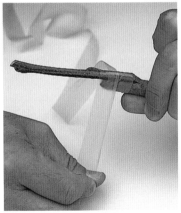

8 접목용 테이프 감기
접목용 테이프를 감는다. 대목의 절단면이 건조하지 않도록, 위에서 테이프를 씌워 단단하게 감는다.

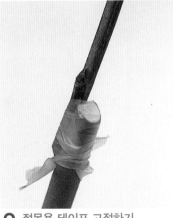

9 접목용 테이프 고정하기
테이프를 2~3회 감은 후 묶는다. 동일하게 몇 개의 접목을 만들어두어도 좋다.

10 접목의 완성
일 년에 한 번밖에 기회가 없으며 100% 성공한다는 보장이 없으므로, 몇 개의 접목을 만들어 확률을 높이는 것이 좋다.

공기구멍을 뚫는다.

11 비닐봉지 씌우기
5호 정도 크기의 화분에 심고 충분히 물을 준다. 구멍을 뚫은 비닐봉지를 위에서 씌워 건조하지 않도록 한다.

순을 따준다.

12 발아
약 3개월 후, 대목과 접수 모두 새싹이 돋아난다. 매일의 관찰이 즐거워질 무렵.

13 순따기
비닐봉지를 벗긴다. 대목의 순을 전부 따내고, 접수의 순도 하나만 남긴다. 손가락 끝으로 떼어내도 쉽게 떨어진다.

14 순 키우기
기세 좋은 접수의 순을 하나만 남겨 생육을 촉진한다. 대목에서 순이 자라면 그때마다 순을 따준다.

15 반년 후의 접목
점차 햇빛에 내놓는 시간을 늘려주면 건강하게 자란다. 급하게 볕에 내어놓으면 잎끝이 검게 되므로 주의한다.

16 1m 정도로 자란 접목
1m 정도로 자라면 정원에 옮겨 심어도 좋다. 열매는 최소 3∼4년 후에 열린다.

복사나무

학 명	*Prunus persica* (L.) Batsch
영어명	Peach
일본명	モモ
과 명	장미과
다른 이름	복숭아나무

원산지는 중국이며, 일본으로 전래된 것은 야요이 시대이다. 높이 2~3m까지 자라는 낙엽교목으로 4~5월에 분홍색 꽃이 피고, 7~8월에 달콤한 열매가 익는다. 종류가 풍부하지만 가정에서 키우려면 오쿠보[大久保], 하쿠오[白鳳]가 좋다. 자가수분으로 결실한다. 관상용 복사나무는 꽃복숭아라고 부른다.

관리일정	1월	2월	3월	4월	5월	6월	7월	8월	9월	10월	11월	12월
상태				꽃			열매					
전정	전정											전정
번식		접목				접목						
비료	시비							시비				
병해충			방제									

"대목으로는 복사나무, 소귀나무, 자두나무, 매실나무, 살구나무의 실생 2~3년 된 어린 수목을 고른다."

접목은 2~3월에 하는 깎기접이 일반적이지만, 눈접은 7~9월이 적기이다. 깎기접에 사용하는 접수로는 햇볕이 잘 드는 곳에서 자란 건강한 가지를 고른다. 대목으로 하기에는 복사나무가 가장 좋지만, 소귀나무, 자두나무, 매실나무, 살구나무 등도 가능하다. 실생 2~3년 된 충실한 묘목을 골라 접목할 부분에서 비스듬하게 자른다. 겉껍질과 목질부 사이에 칼집을 넣고 접수를 삽입하여 형성층을 맞춘 뒤 접목용 테이프를 감아준다.

접목
접붙이기
★ ★ ★

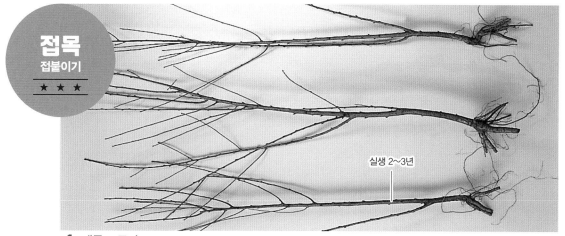

실생 2~3년

1 대목 고르기
2~3월에 대목으로 쓸 나무를 준비한다. 햇볕이 잘 드는 곳에서 자란 기세 좋은 묘목을 사용한다.

2 대목 자르기
심었을 때 흙에서 10cm 정도 올라오도록 대목을 자른다. 충실한 부분으로 곧게 자라 접목하기 쉬운 부분을 사용한다.

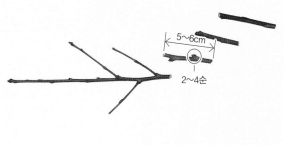

5~6cm

2~4순

3 접수 만들기
접수를 만든다. 충실한 가지를 골라, 순이 2~4개 달리도록 5~6cm 길이로 자른다. 건강한 선단도 사용한다.

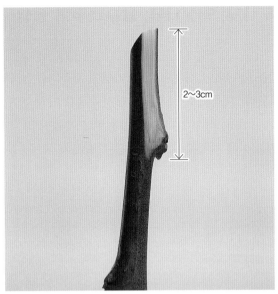

4 접수의 절단면
잘 드는 칼로 절단면을 반듯하게 자르고, 겉껍질을 깎아내어 형성층이 2~3cm 드러나도록 한다. 색이 변한 부분이 형성층이다.

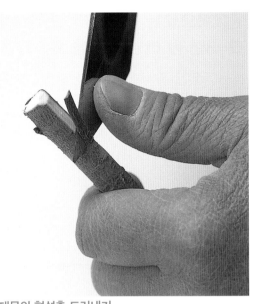

5 대목의 형성층 드러내기
대목의 겉껍질과 목질부 사이에 칼집을 넣어 형성층이 드러나게 한다.

6 접목용 테이프 감기
접목한 부분에 접목용 테이프를 위에서 씌워 2~3회 단단히 감아준다.

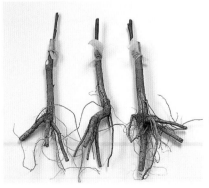

7 접목의 완성
접목이 완성된 것. 몇 개를 만들어두면 접목에 성공할 확률을 높일 수 있다.

8 화분에 심기
5호 정도의 화분을 준비하여, 적옥토를 채워 넣고 심는다. 작업이 끝나면 물을 주고 밝은 날 그늘에서 관리한다.

공기구멍을
뚫는다.

9 비닐봉지 씌우기
구멍을 뚫은 비닐봉지를 ❽의 화분에 씌우고, 아래쪽을 라피아 등으로 묶어 건조하지 않도록 한다.

10 발아
약 3개월 후, 대목과 접수 모두 새싹이 돋아난다. 이 상태가 되면 비닐봉지를 제거해도 좋다. 동그라미 안이 대목의 순이다.

11 순따기
대목의 순을 모두 따내고, 접수의 순은 하나만 남긴다. 손가락으로 잡아떼면 쉽게 떨어진다.

12 순 키우기
기세 좋은 순을 하나만 남기고, 밝은 날 그늘에서 관리한다. 직사광선에 닿으면 잎타기를 일으킬 우려가 있다.

13 수개월 후의 접목
이렇게 커진 접목. 1년이 지나면 1~2m 정도까지 자라지만, 열매를 맺기까지는 적어도 3년이 걸린다.

블루베리

학 명	*Vaccinium spp.*
영어명	Blueberry
일본명	ブルーベリー
과 명	진달래과
다른 이름	정금나무

높이 1~2m까지 자라는 낙엽관목으로, 가정에서 즐기는 과수로 인기가 높다. 봄에는 항아리 모양의 흰 꽃이 무수히 피며, 여름에는 청자색이나 흑자색의 열매가 익는다. 새콤달콤한 맛이 알맞은 풍미를 자아낸다. 다른 품종을 나란히 심으면 결실이 좋아진다. 가을에는 붉은 잎을 감상할 수 있다.

관리일정	1월	2월	3월	4월	5월	6월	7월	8월	9월	10월	11월	12월
상태					꽃		열매					
전정		전정										
번식		삽목					삽목					
비료		시비							시비			
병해충						특별히 없음						

"산성토에서 잘 자라므로, 옮겨 심을 때 적옥토에 부엽토와 피트모스를 섞어서 사용한다. 노지에 심을 때도 석회로 중화할 필요는 없다."

싹 트기 전인 2~3월이 삽목의 적기이다. 지난해 자란 충실한 가지를 골라 삽수를 만든다. 6호 화분이나 삽목용 상자 바닥에 자갈을 깔고, 그 위에 소립의 녹소토를 넣어 상토를 만든다. 작업이 끝나면 충분히 물을 준다. 뿌리를 내릴 때까지는 부분 차광하여 관리하고 흙이 건조하지 않도록 주의한다. 1개월 뒤에 뿌리가 내리면 점차 햇볕에 내놓는 시간을 늘린다. 겨울철에는 추위와 건조로부터 보호하기 위해 비닐하우스 안에서 관리한다. 화분갈이는 이듬해 3월에 한다. 3호 화분을 준비하고, 배수가 좋은 산성토에서 잘 자라므로 적옥토에 부엽토와 피트모스를 6:2:2의 비율로 혼합한 용토를 사용한다. 뿌리가 가늘어, 묘목은 대주걱 등을 사용하여 조심스럽게 파내고 가능한 한 흙이 떨어지지 않도록 작업한다.

봄에 자란 순을 이용하여 6~7월에 여름삽목을 할 수도 있다. 잎을 2~4순 남겨 삽수를 만든다. 여름삽목을 할 때는 흙이 건조하지 않도록 수시로 물을 준다. 또 곡취도 가능하다.

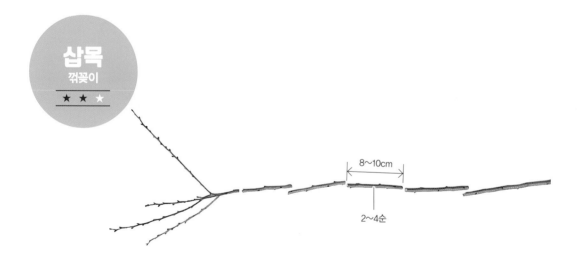

삽목
꺾꽂이
★ ★ ☆

8~10cm

2~4순

1 가지 자르기
2~3월에 작업하는 것이 일반적이다. 삽수로 쓸 가지를 자른다. 햇볕이 잘 드는 곳에서 자란 기세 좋은 가지를 골라 충실한 부분을 사용한다. 순이 2~4개 붙은 가지를 8~10cm 길이로 자른다.

2 삽수 자르기
칼을 이용하여 절단면을 45도 각도로 반듯하게 자른다.

3 형성층 드러내기
❷의 반대면도 잘 드는 칼로 겉껍질을 얇게 깎아낸다. 형성층이 1~2cm 드러나게 하여 물을 흡수하는 면적을 크게 해준다.

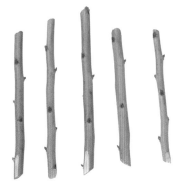

4 삽수의 완성
길이를 맞추고 절단면을 정돈하여 삽수를 완성한다. 시든 가지처럼 보이지만 절단면은 놀라울 정도로 싱싱하다. 절단면에서 색이 변한 부분이 형성층이다. 여기에서 뿌리가 뻗어나간다.

30분~1시간

5 물주기
물을 담은 용기에 ❹의 삽수를 30분~1시간 동안 담가둔다. 충분히 물을 흡수하게 하면 뿌리를 내리기 쉬워진다.

Check Point

취목 후 관리 요령

　　취목한 후, 가능한 한 바람이 잘 통하고 부분 차광을 할 수 있는 장소에서 관리한다. 심은 장소가 직사광선이 닿는 곳이라면, 겉껍질이 상해 잎에 도는 수분이 줄어들면서 잎타기를 일으킬 우려가 있으므로 한랭사 등으로 차광하는 것이 좋다. 적옥토를 사용한 경우에는 43쪽과 같이, 그 상태로 화분갈이를 하고 조금 큰 화분으로 옮겨 심으면 좋다. 뿌리화분을 일부러 뭉갤 필요는 없다. 물이끼로 감싸두었을 때는 물이끼가 너무 건조해지지 않도록 상태를 확인하며 건조해지면 수분을 보충해준다. 비닐 위쪽의 끈을 느슨히 하여 물을 보충한 뒤, 다시 끈을 묶어둔다. 뿌리가 충분히 자라면 취목한 바로 아래를 자르고, 물이끼를 조심스럽게 제거한 후 화분갈이를 한다.

녹소토

6 삽수 꽂기

화분에 녹소토를 넣어 평편하게 고른 뒤, 삽수를 1/2 정도 깊이로 꽂는다. 가능한 한 균일하게 심는 것이 좋다.

7 삽목의 완성

삽목 작업이 끝나면 물을 충분히 주고, 온실과 같은 따뜻한 장소에 둔다. 뿌리를 내릴 때까지 부분 차광하여 관리한다.

용어정리 취목편

고취법 : 높은 위치에서 취목하는 방법.

곡취법 : 포기 쪽에서 자란 가지를 휘어 땅에 묻고 발근을 촉진하는 방법. 압조법이라고도 한다.

반월깎기 : 취목할 가지나 줄기의 겉껍질을 반달 모양으로 깎아내는 것.

설상박피 : 취목할 가지나 줄기의 겉껍질을 쐐기 모양으로 깎아내는 것.

성토법 : 취목할 줄기의 뿌리 쪽에 흙을 쌓아 발근을 촉진하는 방법. 포기가 여러 갈래로 자라는 수목에 이용되는 취목 방법이다.

환상박피 : 취목할 가지나 줄기의 겉껍질 둘레를 고리 모양으로 벗겨내는 것.

비파나무

학 명	*Eriobotrya japonica* (Thunb.) Lindl.
영어명	Loquat, Japanese Medlar
일본명	ビワ
과 명	장미과
다른 이름	비파

높이 5~10m까지 자라는 상록교목으로, 11~12월에 작고 흰 꽃이 밀집하여 피며 매우 향기롭다. 열매는 이듬해 6월경에 오렌지색으로 익으며, 그 안에 큰 종자가 있다. 크고 가는 잎은 광택이 있으며, 가지 끝으로 모이는 방사형으로 무성하게 자란다. 약용하기도 한다.

관리일정	1월	2월	3월	4월	5월	6월	7월	8월	9월	10월	11월	12월
상태					열매						꽃	
전정	전정											전정
번식			접목									
비료				시비					시비			
병해충					특별히 없음							

"먹고 난 후 남은 큰 종자를 심어 실생으로 대목의 묘목을 키워도 좋다."

2~3월이 접목의 적기이다. 접수는 지난해 자란 충실한 가지를 10cm 길이로 잘라, 잎자루만 남긴다. 대목으로는 2~3년 된 실생묘를 고른다. 과육을 먹은 후 종자를 심으면 쉽게 발아하므로, 실생으로 대목의 묘목을 키우는 것도 어렵지 않다. 대목은 접목할 부분에서 비스듬하게 자르고, 겉껍질과 목질부 사이에 칼집을 넣어 접수를 꽂는다. 서로 형성층을 확실히 맞춘 뒤, 접목용 테이프를 감아준다.

접목
접붙이기
★★★

실생 2~3년

1 대목
2~3월이 적기이다. 대목으로 쓸 나무를 준비한다. 실생 2~3년 된 기운 있는 묘목을 사용한다.

2 대목 자르기
전정가위로 대목을 자른다. 충실한 부분으로 곧게 자라 접목하기 쉬운 부분을 사용한다.

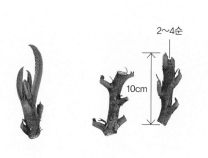

2~4순

10cm

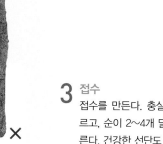

×

3 접수
접수를 만든다. 충실한 가지를 고르고, 순이 2~4개 달린 가지로 자른다. 건강한 선단도 사용한다.

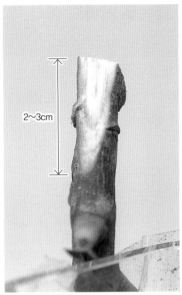

4 접수의 절단면
잘 드는 칼로 절단면을 반듯하게 자르고, 겉껍질을 깎아내어 형성층이 2~3cm 드러나도록 한다.

5 대목의 형성층 드러내기
대목의 겉껍질과 목질부 사이에 칼집을 넣고, 형성층이 드러나도록 대목의 각을 베어낸다.

6 대목의 완성
2cm 정도 칼집을 넣어준다. 접수의 절단면보다 5mm 정도 짧게 하면 좋다. 너무 깊이 자르지 않도록 주의한다.

7 접붙이기
대목의 겉껍질과 목질부 사이에 접수를 삽입하고 형성층끼리 확실히 맞추어준다.

8 접목용 테이프 감기
접목한 부분에 접목용 테이프를 위에서 씌우고 2~3회 단단히 감는다.

9 접목의 완성
테이프를 감아 묶는다. 절단면이 건조하지 않도록 주의하며 신속하게 작업한다.

공기구멍을
뚫는다.

10 비닐봉지 씌우기
물을 충분히 준다. 또한 구멍을 뚫은 비닐봉지를 위에서
씌워 건조하지 않도록 한다.

11 발아
접수에서 기세 좋게 새싹이 돋아난다. 대목의 순이 자라
면 모두 따준다.

Check
Point **비파나무의 접목묘**
  식목시장에 나오는 묘목은 접목한 지 1~2년 된 것이 많다. 잘 살펴보면 접
목한 부분이 굵고, 휘어 있음을 알 수 있다. 잘 활착한 묘목을 골라, 접붙인 부분
이 상하거나 금이 가지 않았는지 확인한다.

사과나무

학 명	*Malus pumila* Mill.
영어명	Common Apple
일본명	リンゴ
과 명	장미과
다른 이름	능금나무, 평과, 림과, 보통사과나무

높이 2~3m까지 자라는 낙엽교목으로 과수 중에서 가장 추위에 강하다. 껍질이 붉은 부사 및 아오리, 양광 그리고 껍질 색이 녹황색인 오린, 골든딜리셔스 등이 있다. 자가수분으로는 열매를 맺을 수 없으므로, 개화 시기가 같은 다른 품종을 함께 심어야 수확이 가능하다.

관리일정	1월	2월	3월	4월	5월	6월	7월	8월	9월	10월	11월	12월
상태				꽃				열매				
전정	전정					전정						전정
번식			접목									
비료		시비										
병해충			방제									방제

"사과나무가 없다면 꽃사과의 어린나무를 대목으로 고른다.
순따기를 하면서 접수의 생육을 촉진한다."

2~3월이 접목의 적기이며 깎기접을 하는 것이 일반적이다. 접수는 지난해 자란 가지에서 병충해가 없고 잎눈이 충실한 것을 골라, 10cm 길이로 자른다. 대목은 사과나무나 친화성을 띠는 꽃사과의 2년 된 어린 수목을 사용한다. 접목용 대목도 시판되고 있다. 대목을 접목할 부분에서 절단하고, 칼집을 넣어 접수를 삽입한 뒤 접목용 테이프로 고정하고 비닐봉지를 씌운다. 대목에서 자란 순은 모두 따내어 접수의 생육을 촉진한다.

접목
접붙이기
★ ★ ★

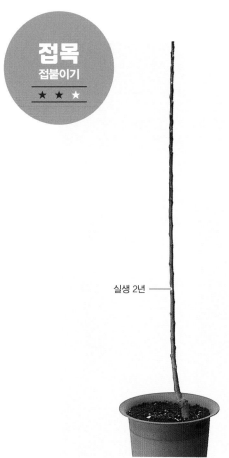

실생 2년

1 대목
대목이 될 나무를 준비한다. 실생 2년 정도 된 충실한 묘목을 사용한다.

2 대목 자르기
충실하며 곧게 자라 칼을 다루기 쉬운 부분을 자른다.

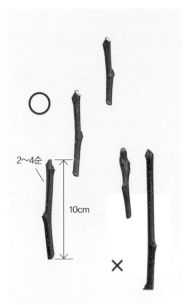

3 접수 만들기
충실한 가지를 골라, 순이 2~4개 달리도록 접수를 만든다.

4 접수의 절단면
절단면을 반듯하게 자르고, 반대면 겉껍질도 깎아내어 형성층이 드러나도록 한다.

5 대목의 형성층 드러내기
대목의 겉껍질과 목질부 사이에 칼집을 내어 형성층이 드러나게 한다.

6 접붙이기
이 부분에 접수를 삽입하고, 형성층을 맞추어준다.

7 접목용 테이프 감기
각각의 절단면이 건조하지 않도록, 접목용 테이프를 위에서 씌워 단단히 감아준다. 2~3회 감아 묶는다.

8 접목의 완성
접목이 완성된 것. 온실과 같이 따뜻한 곳에 두고, 밝은 날 그늘에서 관리한다.

9 비닐봉지 씌우기
구멍을 뚫은 비닐봉지를 위에서 씌워 건조하지 않도록 한다.

공기구멍을
뚫는다.

10 발아
순이 봉긋하게 올라오면 비닐봉지를 제거한다. 대목과 접수 모두 새싹이 돋아난다.

11 순따기
대목의 순을 모두 따내고, 접수의 순은 하나만 남긴다. 손가락으로 떼어내면 쉽게 떨어진다.

대목의
순을 딴다.

순은 하나만
남긴다.

12 순 키우기
기운 좋은 순을 하나만 남겨 생육을 촉진한다. 건강한 묘목은 눈에 띄게 잘 자란다.

13 순조로운 성장
수개월 후 1m 정도로 자란다. 점차 햇볕에 내놓는 시간을 늘렸다가 땅에 심어도 좋다. 직사광선에 닿으면 잎타기를 일으킬 수 있으므로 주의한다.

14 접목의 상태
확실하게 활착한 접목. 대목에서 양분을 빨아들인 접수가 뻗어나간다. 열매가 맺힐 때까지 적어도 3년이 걸린다.

살구

학 명	*Prunus armeniaca* var. *ansu* Maxim.
영어명	Apricot
일본명	アンズ
과 명	장미과
다른 이름	행목, 행수, 참살구, 밀살구

키우기 적당한 과수로 인기가 있다. 높이 5~10m까지 자라는 낙엽소교목으로 3~4월에 꽃을 피우며, 연홍색의 꽃이 나무 전체를 채색한다. 열매는 7월에 익는데, 새콤달콤한 맛이 일품이다. 품종이 다른 나무나 복사나무를 옆에 심으면, 타화수분하여 결실이 좋다. 종인은 한방약으로 이용된다.

관리일정	1월	2월	3월	4월	5월	6월	7월	8월	9월	10월	11월	12월
상태			꽃			열매						
전정	전정											전정
번식		접목		취목								
비료		시비										
병해충		방제										

"대목으로는 실생 2~3년 된 매실나무 묘목을 사용한다. 시판되는 묘목의 대부분이 매실나무가 대목이다. 배수가 좋은 상토를 만들어 부분 차광하며 관리한다."

어린잎이 아직 돋아나지 않은 2~3월이 접목의 적기이며, 깎기접이 일반적이다. 대목으로는 같은 장미과로 친화성이 높은 매실나무 묘목을 사용하는데, 실생 2~3년생으로 수목에 기운이 있는 것을 고르는 것이 포인트이다. 접수로는 지난해 자란 충실한 가지를 고른다. 꽃순이 달려 있거나 가는 가지는 접수로 적당하지 않다. 5~6cm 길이로 자르고, 절단면은 잘 드는 칼로 반대면도 깎아낸다. 대목은 접목할 위치에서 비스듬하게 자르고 겉껍질과 목질부 사이에 칼집을 넣는다. 그 절단면에 접수를 삽입하고 형성층을 확실하게 맞춘 다음, 접목용 테이프를 감고 고정하여 단단히 묶어둔다. 건조하지 않도록 공기구멍을 뚫은 비닐봉지를 씌워 부분 차광으로 관리한다. 1~2개월 후에 발아 상태를 보며 비닐봉지를 제거한다. 대목인 매실나무는 맹아력이 강하므로, 곁순이 나면 바로 순을 따준다. 그 밖에 배접, 호접, 가지접 등의 방법도 있다.

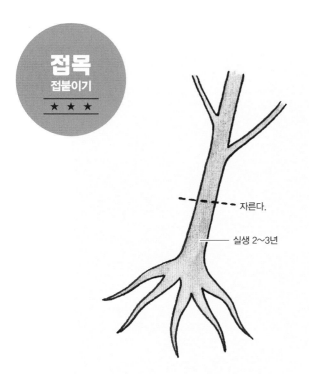

접목
접붙이기
★ ★ ★

자른다.

실생 2~3년

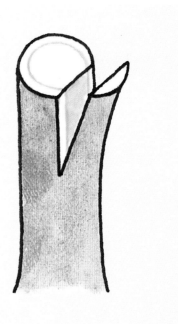

1 대목 자르기
비스듬하게 약간 각도를 주어 가지를 자른다.

2 대목의 겉껍질 깎아내기
겉껍질과 목질부 사이에 칼집을 넣어 형성층이 드러나도록 한다.

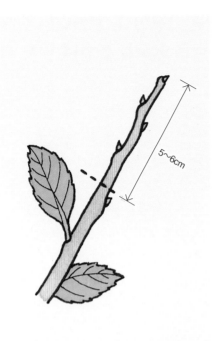

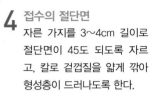

4 접수의 절단면
자른 가지를 3~4cm 길이로
절단면이 45도 되도록 자르
고, 칼로 겉껍질을 얇게 깎아
형성층이 드러나도록 한다.

3 접수 자르기
접수로 쓸 충실한 선단을 골라 잘 드는 칼로 반
듯하게 잘라낸다.

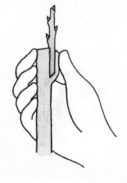

5 접붙이기
대목의 절단 부분에 접수를
삽입하고, 형성층을 정확하게
맞추어준다.

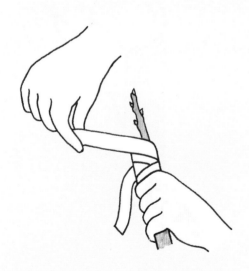

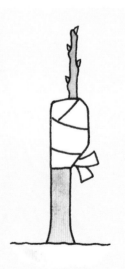

6 접목용 테이프 감기
대목의 절단부가 건조하지 않도록 접목용 테이프로 단단히
감는다.

7 접목의 완성
접목용 테이프를 감아 묶는다. 적옥토와 부엽토의 혼합토에
심는다.

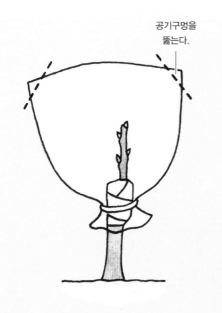

공기구멍을
뚫는다.

8 비닐봉지 씌우기
공기구멍을 뚫은 비닐봉지를 씌워, 건조하지 않도록 한다.

대목의 순이
돋아난다.

9 발아
잘 생장하면, 대목과 접수 모두 새순이 돋아난다. 대목의 순
은 전부 따내고, 접수는 원기 좋은 것으로 1~2순만 남기고
따낸다. 손가락으로 떼어내면 쉽게 떨어진다.

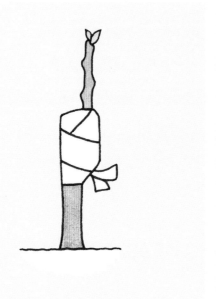

10 새싹 키우기
순따기를 해주면 접수의 생육을 촉진시킬 수 있다.

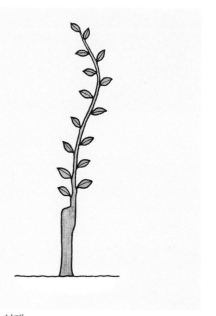

11 접수의 상태
반년이 지나면 1m 정도로 뻗어나간다. 열매를 맺을 때
까지 3~4년이 걸린다.

석류나무

학 명	*Punica granatum* L.
영어명	Pomegranate tree
일본명	ザクロ
과 명	석류나무과
다른 이름	석누나무

서아시아 원산으로, 높이 5~6m까지 자라는 낙엽교목이다. 일본에서는 열매보다도 6~7월에 피는 꽃을 감상하는 것이 일반적이다. 6장의 주황색 꽃잎이 있는데, 흰 테두리가 있는 겹꽃잎종도 아름답다. 가을에 열매의 껍질이 벌어져 안에서 연홍색의 종자가 빠져나온다. 식용이며 새콤달콤하다.

관리일정	1월	2월	3월	4월	5월	6월	7월	8월	9월	10월	11월	12월
상태						꽃				열매		
전정		전정										전정
번식				삽목		취목						
비료		시비										
병해충					특별히 없음							

"지난해 자란 기세 좋은 가지 중 충실한 순이 달린 것을 고른다.
상토의 용토로는 녹소토나 적옥토가 적당하다."

삽목은 3월 중순에서 4월 중순 사이에 한다. 지난해 자란 기세 좋은 가지를 골라, 8~10cm 길이로 자른다. 전정 시기와 겹치므로, 전정으로 잘라 떨어진 가지를 이용하면 좋다. 잘 드는 칼로 절단면을 비스듬하게 자르고 30분~1시간 동안 물에 담가두어 물을 흡수하게 한다. 6호의 편평한 화분이나 삽목용 상자 바닥에 자갈을 깔고, 녹소토나 적옥토를 넣어 상토를 만든다. 삽수를 반 정도 깊이로 균일하게 심는다. 삽목 후에는 맑은 날 그늘에서 관리하고 잎에도 물을 주면서 건조하지 않도록 주의한다. 화분갈이는 이듬해 봄 3~4월이 적기이다. 3~4호 화분에 적옥토(소립)와 부엽토의 7:3 혼합토를 사용하여 1묘씩 심는다. 화분에서 충분히 뿌리가 자란 후에 정원으로 옮겨 심는다. 햇볕이 잘 드는 장소를 고르고, 배수를 위해 뿌리의 상부가 지면보다 높게 심는다. 석류나무는 심은 후 5~6년이 되면 열매를 맺는다.

삽목
꺾꽂이
★ ★ ★

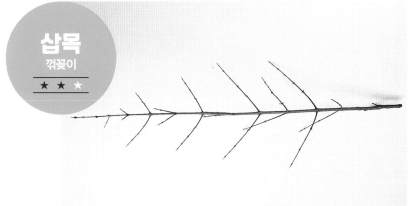

1 가지 자르기
3월 중순~4월 중순이 적기이다. 삽수로 쓸 가지를 자른다. 햇볕이 잘 드는 곳에서 자란 충실한 가지를 사용한다.

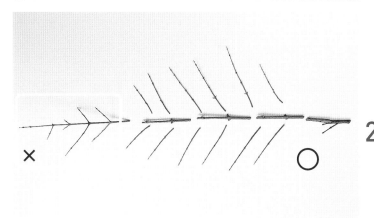

2 삽수 고르기
삽수로 쓸 수 있는 부분과 쓸 수 없는 부분을 잘라 선별한다. 충실한 새싹은 사용하지만, 부드러운 새싹은 적합하지 않다.

3 삽수 만들기

순이 2～4개 정도 붙은 가지를 8～10cm 길이로 자르고, 칼을 이용하여 절단부를 45도 각도로 반듯하게 자른다.

4 형성층 드러내기

❸의 반대면도 형성층이 1～2cm 드러나도록 겉껍질을 얇게 깎아내어 물을 흡수하는 면적을 크게 해준다.

30분～1시간

5 삽수의 완성

길이를 맞추고 절단면을 정돈하여 삽수를 완성한다. 잎이 달려 있지 않아 가지의 위아래를 혼동하기 쉬우므로 작업 중에는 주의를 요한다.

6 물주기

물을 담은 용기에 ❺의 삽수를 30분～1시간 동안 담가둔다. 충분히 물을 주면 뿌리를 내리기 쉬워진다.

적옥토

7 삽수 꽂기

화분에 적옥토를 채워 넣고 편평하게 고른 후, 삽수를 1/2 정도 깊이로 꽂는다. 가능한 한 균일하게 꽂는다.

8 삽목의 완성
삽목 작업이 끝나면 물을 충분히 준다. 뿌리를 내릴 때까지 부분 차광하여 관리한다.

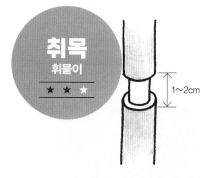

취목
휘묻이
★ ★ ★

1~2cm

1 취목 위치에서 환상박피
건강한 가지를 골라, 취목할 위치를 정한다. 줄기 둘레에 1~2cm 폭으로 칼집을 넣고 겉 껍질을 둥글게 벗겨낸다.

물이끼

2 물이끼와 비닐로 감싸기
적당한 크기로 자른 비닐을 가지에 묶고, 물에 적셔둔 물이끼로 절단면을 감싼다.

3 끈으로 단단히 묶기
물이끼가 분리되지 않도록 비닐로 단단히 덮고 끈으로 고정한다.

9 발근
머지않아 새싹이 돋아나고, 사진처럼 뿌리도 자란다. 적옥토 대신 녹소토를 사용해도 좋다.

자른다.

4 가지 자르고 물이끼 제거하기
건조하지 않도록 가끔 위쪽의 끈을 느슨하게 하고 물을 주면서 발근을 촉진한다. 뿌리가 내리면 비닐 아래 위치에서 자르고 물이끼를 조심스럽게 제거하여 화분에 심는다.

키위

학 명	*Actinidia chinensis* Planch.
영어명	Kiwi fruit, Actinidia Deliciosa, Chinese Gooseberry
일본명	キウイ
과 명	다래나무과
다른 이름	양다래, 국조키위, 참다래, 중국다래

원종은 중국 또는 대만이 원산인 양다래나무이다. 뉴질랜드에서 현재의 형태로 품종 개량되어, 국조키위라는 이름이 붙게 되었다. 덩굴 길이가 10m 이상 자라는 낙엽 덩굴식물로 5월에 가련한 흰 꽃이 피고 늦가을에 거친 털에 덮인 열매가 열린다. 암수딴그루이다.

관리일정	1월	2월	3월	4월	5월	6월	7월	8월	9월	10월	11월	12월
상태					꽃					열매		
전정	전정							전정				전정
번식			접목									
비료			시비			시비						
병해충						방제						

"암수딴그루이므로, 접수는 암나무에서 고른다. 수나무는 노란 꽃밥이 결실을 크게 맺지만, 나무 위에서는 익지 않으므로 수확할 수 없다."

암수딴그루이기 때문에 열매를 맺기 위해서는 각각 한 그루씩 심어 화분교배를 시킨다. 접목은 낙엽기인 2~3월에 배접이나 깎기접을 한다. 접수로는 암나무의 충실한 가지를 골라, 순이 2~4개 달리도록 5~6cm 길이로 자르고, 절단면의 반대면도 깎아낸다. 대목으로는 수나무를 준비하고, 배접은 접목할 위치의 겉껍질을 얇게 깎는다. 그곳에 접수를 삽입하고 형성층끼리 확실히 맞추어 눌러준다. 절단면이 건조하지 않도록 접목용 테이프를 단단히 감아 묶어둔다. 건조하지 않도록 공기구멍을 뚫은 비닐봉지를 씌우고 관리한다. 접수가 활착하면 대목의 위쪽을 잘라 분리하여, 접수에 맺힌 새싹의 생육을 촉진한다.

키위는 생육이 왕성하기 때문에, 덩굴이 잘 뻗어나가도록 지지대를 세워 인도하거나, 울타리를 만들어도 좋다. 너무 뻗어나간 가지는 전정하여 가지 모양을 정리한다. 큰 열매를 맺게 하려면 열매 솎아내기를 해준다.

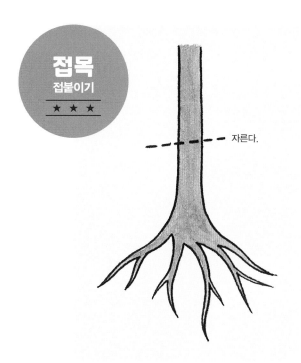

접목
접붙이기
★ ★ ★

자른다.

1 대목 자르기
암수딴그루이므로 나무를 구할 때 주의한다. 열매를 맺기 위해서는 암나무와 수나무 모두 필요하다. 대목이 될 수나무는 접목 위치에서 자른다.

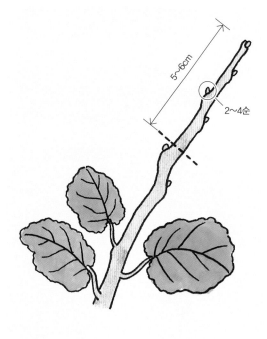

5~6cm

2~4순

2 접수 자르기
암나무의 충실한 가지를 골라, 5~6cm 길이로 자른다.

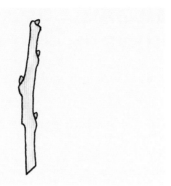

3 접수의 절단면
잘 드는 칼로 겉껍질을 얇게 깎아내어 형성층이 드러나도록 한다.

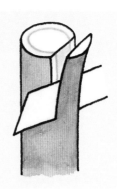

4 대목에 칼집 넣기
겉껍질과 목질부 사이에 칼집을 넣는다.

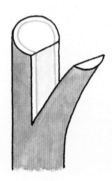

5 대목의 절단면
겉껍질과 목질부 사이에 있는 형성층이 드러나도록 2cm 정도 깊이로 칼집을 넣는다.

6 접붙이기
대목의 절단면에 접수를 삽입하여 형성층을 맞추어준다.

7 접목용 테이프 감기
접목용 테이프를 2〜3회 단단히 감는다.

8 접목용 테이프 고정하기
접목용 테이프를 감고 단단히 고정하여 묶는다.

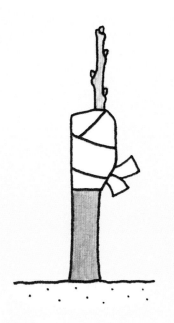

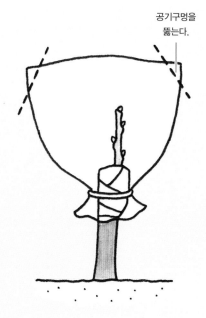

공기구멍을
뚫는다.

9 접목의 완성
적당한 크기의 화분에 심은 뒤 물을 충분히 주고 접
목을 완성한다.

10 비닐봉지 씌우기
건조하지 않도록 공기구멍을 뚫은 비닐봉지를 씌우고 입구를
라피아 등으로 묶는다.

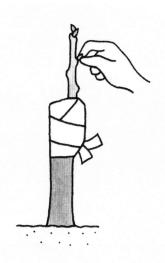

11 순따기
대목과 접수에서 새싹이 자라면
비닐봉지를 벗긴다. 대목의 순은
모두 따내고, 접수는 1~2순만 남
기고 따낸다.

12 원기 좋은 순 키우기
순은 손가락으로 따내면 쉽게 떨
어진다. 원기 있는 접수의 순만
남겨 생육을 촉진한다.

13 지지대 세우기
반년이 지나면 1m 정도로 덩굴
이 자란다. 지지대를 세워 덩굴
을 인도한다.

포도

학 명	*Vitis vinifera* L.
영어명	Wine Grape, European Grape
일본명	ブドウ
과 명	포도과
다른 이름	유럽포도, 포두

길이 2~8m까지 자라는 낙엽 덩굴식물로, 유인하는 대로 모양이 다양해진다. 봄철 연녹색의 작은 꽃이 원추꽃차례에 달리며, 9~10월에 결실을 맺어 먹을 수 있다. 하트 모양의 잎을 가진 포도는 가정 과수로 화분에 심어 매일매일 색이 짙어가는 과실을 즐길 수 있다.

관리일정	1월	2월	3월	4월	5월	6월	7월	8월	9월	10월	11월	12월
상태					꽃			열매				
전정	전정				전정							전정
번식		접목										
비료		시비								시비		
병해충			방제				방제					

"병충해에 강한 종류의 묘목을 대목으로 고르는 것이 요령이다.
덩굴이 뻗어나가면 지지대를 세워 유인한다."

삽목으로도 발근하지만 줄기 안으로 세균이 침투하기 쉬워 순조로운 생육을 기대할 수 없다. 포도를 번식시키기 위해서는 병충해에 강한 대목을 골라 접목한다. 낙엽기인 2~3월에, 지난해 자란 충실한 덩굴을 순이 3~4개 달리도록 5~6cm 길이로 잘라, 절단면을 비스듬하게 자른다. 대목으로는 실생 2년 된 어린나무를 선택한다. 새싹이 자라면 점차 햇볕에 적응할 수 있게 해준다. 3년 정도면 결실을 맺는다. 자가수분하기 때문에 인공수정을 할 필요는 없다.

접목
접붙이기
★ ★ ★

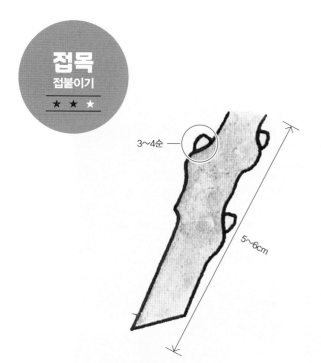

3~4순

5~6cm

1 접수 만들기
충실한 가지를 골라, 순이 3~4개 달리도록 5~6cm
길이로 자른다. 또한 반대면도 겉껍질을 얇게 깎아
형성층이 드러나도록 한다.

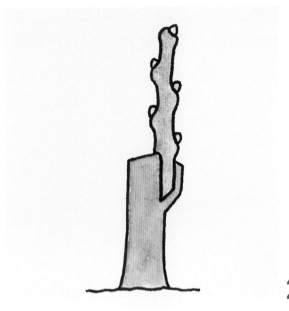

2 접붙이기 한 묘목

접목 후 생장한 것으로, 1년 정도면 접목묘로 출회한다.

대목의 순을 딴다.

3 비닐봉지 씌우기

공기구멍을 뚫은 비닐봉지를 씌우며, 대목에서 자란 순은 모두 따준다. 접수는 기세 좋은 순을 하나만 남겨 생육을 촉진한다.

4 접목묘 키우기

화분에 심고 관리한다. 햇볕이 잘 드는 곳에 두고, 건강한 묘목으로 키운다. 덩굴이 뻗어나가면 지지대를 세워 유인한다.

Part 5

관엽식물

대만고무나무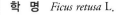

학 명	*Ficus retusa* L.
영어명	Indian Laurel, Malay Banyan, Glossy Leaf Fig, Chinese Banyan
일본명	ガジュマル
과 명	뽕나무과
다른 이름	가지마루, 가슈말

줄기의 중간에서 기세 좋게 뿌리를 내리는 대만고무나무는 열대지방에서는 눈에 띨 만큼 큰 나무로 자란다. 높이 1~20m까지 자라는 상록교목이지만 소형으로도 만들 수 있어 관엽식물로 이용되고 있다. 생기 있는 진녹색의 잎이 야생적이다. 고무나무와 동종으로, 줄기를 자르면 흰색 수액이 나온다.

관리일정	1월	2월	3월	4월	5월	6월	7월	8월	9월	10월	11월	12월
상태						상록						
전정						전정						
번식					삽목 · 취목							
비료						시비						
병해충						방제						

"많은 관엽식물은 생육이 왕성하여, 삽목이나 취목으로 쉽게 번식이 가능하다."

4~8월이 삽목의 적기이다. 봄 이후에 자란 건강한 가지를 선택한다. 부드러운 새싹은 금세 시들어 버리므로 부적합하다. 아래쪽 잎을 떼어내고, 절단면은 반대면을 깎아 정돈한다. 넓은 화분에 녹소토를 넣고, 삽수를 반 정도 깊이로 꽂는다.

취목에 적당한 시기는 삽목과 동일한 4~8월이다. 취목할 가지를 2cm 폭으로 환상박피하고, 물에 적신 물이끼를 감싼 다음 비닐로 덮어 발근을 촉진한다. 건조하지 않도록 주의하면 생육이 왕성하므로 대부분 활착한다.

삽목
꺾꽂이
★ ★ ★

1 가지 자르기
삽수로 쓸 가지를 자른다. 햇볕이 좋은 곳에서 자란 기세 좋은 가지를 선택한다.

8~10cm

2 삽수 만들기
충실한 새싹 부분을 사용하여 8~10cm 길이로 자른다.

아래쪽 잎을
따낸다.

30분~1시간

3 삽수의 절단면
잘 드는 칼로 절단면을 반듯하게 예각으로 자르고, 잎은 2장
만 남기고 아래쪽 잎을 따준다.

4 물주기
삽수를 30분~1시간 동안 물에 담가둔다.

녹소토

5 삽수 꽂기
화분에 녹소토를 채워 넣고 평편하게 고른 후,
삽수를 1/2 정도 깊이로 균일하게 꽂는다.

취목
휘묻이
★ ★ ★

1 위치 정하기
취목할 위치를 정한다. 건강하고 곧게 자란 부
분을 선택한다.

2 겉껍질에 칼집 내기
줄기 둘레 2군데에 둥글게 칼집을 넣어 2cm 정도로 선을 긋는다. 칼을 세로로 하여 칼집을 넣는다.

3 겉껍질 벗기기
손으로 겉껍질을 벗겨낸다. 하얀 수액이 나오므로 닦으면서 작업해도 좋다.

4 환상박피
겉껍질을 벗겨내고 목질부가 보이면 완성된 것이다. 이 상태를 환상박피라고 한다.

5 물이끼로 감싸기
비닐을 준비하여 아랫부분을 묶고, 물에 적신 물이끼를 ❹의 취목한 부분에 충분히 감아준다.

물이끼

6 끈으로 고정
비닐에서 물이끼가 분리되지 않도록 끈으로 단단히 묶어준다. 가끔 위쪽의 끈을 느슨하게 하여 물을 보충하고, 뿌리가 내리기를 기다린다.

벤자민고무나무

학 명	*Ficus benjamina* L.
영어명	Weeping fig, Benjamina tree
일본명	ベンジャミンゴム
과 명	뽕나무과
다른 이름	벤자민

높이 1~30m까지 자라는 상록교목으로, 고무나무보다 조금 작은 잎이 보기 좋게 달린다. 흰 무늬가 있는 것, 잎이 황록색을 띠는 것 등 여러 품종이 있으며, 밝은 인상의 수목으로 인기가 있다. 스탠더드 만들기로 즐기는 것이 일반적이다. 줄기가 세 가닥인 개체가 많다.

관리일정	1월	2월	3월	4월	5월	6월	7월	8월	9월	10월	11월	12월
상태						상록						
전정							전정					
번식					삽목 · 취목							
비료							시비					
병해충						방제						

"생육이 왕성하여 굵은 줄기 부분이라도 취목이 가능하다. 뿌리가 쉽게 나오므로 삽목으로 번식시키는 것도 어렵지 않다."

4~8월은 삽목, 취목의 적기이다. 삽목은 그해 자란 충실한 가지를 골라 8~10cm 길이로 자른다. 녹소토나 적옥토의 상토에 반 정도 깊이로 꽂는다. 뿌리를 내리기 전까지 1개월간 차광하고, 그 이후에는 햇볕이 잘 드는 곳에 둔다. 취목은 2~3년 된 충실한 가지를 고르고, 취목할 부분의 겉껍질을 환상박피한다. 절단면을 물에 적셔둔 물이끼로 감싸고 비닐을 씌운다. 뿌리가 내리면 모식물로부터 분리하고 물이끼를 제거하여 옮겨 심는다.

삽목
꺾꽂이
★ ★ ★

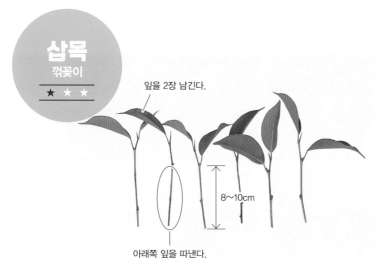

잎을 2장 남긴다.

8~10cm

아래쪽 잎을 따낸다.

1 삽수 만들기
충실한 가지를 골라 8~10cm 길이로 자른다. 잎은 2장 정도 남기고 아래쪽 잎을 떼어낸다.

1~2시간

2 물주기
삽수의 절단면은 칼로 반듯하게 자르고, 반대면도 겉껍질을 얇게 깎아낸다. 1~2시간 동안 물에 담가두어 물을 충분히 흡수하도록 한다.

녹소토

3 삽수 꽂기
넓은 화분에 녹소토를 채워 넣고 평편하게 고른 다음, 삽수를 균일하게 꽂는다. 작업이 끝나면 물을 충분히 주고, 밝은 날 그늘에서 관리한다.

취목
휘묻이
★ ★ ★

1 위치 정하기
취목할 위치를 정하고 두 군데에 1~2cm 폭으로 둥글게 칼집을 낸다.

2 겉껍질 벗기기
세로로 칼집을 넣고 손으로 겉껍질을 목질부까지 벗겨낸다.

3 환상박피
목질부가 드러나면 완성. 줄기 둘레의 겉껍질을 둥글게 벗겨내는 것을 환상박피라고 한다.

4 비닐포트로 감싸기
적당한 크기의 비닐포트를 자르고, 화분 구멍에 줄기를 넣어 감싼다.

5 스테이플러로 고정
자른 부분을 스테이플러로 고정한다. 구멍을 막듯이 감싸는 것이 요령이다.

적옥토

6 흙 채워 넣기
모종삽으로 적옥토를 충분히 채워 넣는다. 불안하면 끈으로 고정한다.

7 물주기
비닐포트 바닥에서 물이 흘러나올 만큼 충분히 물을 준다.

8 취목의 완성
취목이 끝난 것. 흙이 건조하면 물을 주며 뿌리가 내리기를 기다린다. 약 2개월이 지나면 뿌리가 내린다. 발근을 확인하면 비닐포트 아래에서 잘라 포트를 제거하고 화분에 심는다.

부겐빌레아

학 명	*Bougainvillea glabra* Choisy
영어명	Paper flower
일본명	ブーゲンビレア
과 명	분꽃과
다른 이름	부갠빌레아, 부겐베리아

높이 2~3m까지 자라는 상록 반덩굴성관목으로, 종이공예를 보는 듯한 선명한 홍색의 꽃이 이국적이다. 덩굴 모양으로 자라난 가지 끝에 꽃이 피지만, 꽃처럼 보이는 부분은 포이며, 중심에 작은 나팔 모양의 부분이 실제 꽃이다. 흰 꽃이나 무늬 등이 있는 품종도 있다. 무더운 여름이 한창인 때이다.

관리일정	1월	2월	3월	4월	5월	6월	7월	8월	9월	10월	11월	12월
상태							꽃					
전정						전정						
번식						삽목						
비료						시비						
병해충						방제						

"뻗어나가는 덩굴을 전정하며 관리하므로, 이때 잘라낸 가지를 이용해 삽목할 수 있다. 너무 부드럽거나 너무 단단하지 않은, 충실한 부분을 선택하는 것이 좋다."

4~9월이 삽목의 적기이다. 삽수로 어린 가지는 적합하지 않다. 지난해 자란 가지 가운데 다소 갈색을 띠는 굵은 가지를 고른다. 8~10cm 길이로 자르고, 위쪽 잎을 2~3장 남기고 아래쪽 잎은 따낸다. 잘 드는 칼로 절단면의 반대면도 깎아낸다. 1~2시간 동안 물에 담가 충분히 물을 흡수하게 한다. 뿌리를 내리기 어려운 종류이므로 절단면에 발근 촉진제를 발라도 좋다. 넓은 화분에 녹소토를 채워 상토를 만든다. 삽수를 균일하게 꽂고 물을 충분히 준 뒤, 부분 차광으로 관리한다. 2~3개월 후, 적은 수의 뿌리가 상하지 않도록 주의하여 파내고 화분갈이를 한다. 3호 화분을 이용하고, 용토로 적옥토(소립)와 부엽토의 7:3 혼합토를 사용한다. 덩굴이 자라면 아래 2~3마디만 남기고 잘라, 가지 수를 늘려 수목의 모양을 정돈한다. 머지않아 순의 수가 늘어나면 5호 화분으로 옮겨 심고, 행등 만들기에 쓰는 둥근 지지대나 부채형 트렐리스를 세워 덩굴을 인도해가면 좋다.

삽목
꺾꽂이
★ ★ ★

1 가지 자르기
삽수로 할 가지를 자른다. 햇볕이 잘 드는 곳에서 자란 기세 좋은 가지를 사용하면 좋다.

×

2 삽수 만들기

삽수로 쓸 수 있는 부분과 쓸 수 없는 부분을 잘라 선별한다. 충실한 부분만 골라, 8~10cm 길이로 자른다.

아래쪽 잎을 따낸다.

1~2시간

3 잎 따내기

절단면을 45도 각도로 반듯하게 자르고, 잎은 2~4장 남기고 아래쪽 잎을 따낸다.

4 물주기

삽수를 1~2시간 동안 물에 담가 물을 흡수하게 한다. 넓은 화분에 녹소토를 채워 넣고 평편하게 고른 후, 삽수를 균일하게 꽂는다.

Check Point

잘린 꽃을 삽수로

　개화 시기와 삽목 시기가 약간 겹친다. 모처럼 핀 꽃이므로, 물을 흡수하게 할 겸 자른 꽃을 조금 즐긴 후에 삽목하면 좋다. 자른 꽃을 삽목할 경우, 꽃이나 선단의 부드러운 부분은 제거한 후 삽수로 만든다. 삽목 후에 물을 충분히 주지 않은 상태에서 강한 햇볕을 쬐면, 잎타기를 일으킬 수 있으므로 뿌리를 내릴 때까지는 부분 차광하여 관리한다. 상토가 건조하지 않도록 수시로 물을 준다. 뿌리가 내리면 잎으로도 물이 가기 때문에 점차 햇볕에 내놓는 시간을 늘려 튼튼하고 원기 있는 묘목으로 키운다. 덧붙여, 부겐빌레아는 생육이 왕성하므로 1개월 정도 지나면 뿌리를 내린다.

그 밖의 수목 번식법

- **능소화(능소화과/덩굴성낙엽목)** : 덩굴성의 가는 가지를 뻗어나가며, 7~8월에 덩굴 끝에서 오렌지색 꽃이 핀다. 2~3월에 삽목으로 번식한다.

- **먼나무(감탕나무과/상록활엽교목)** : 감탕나무, 개동청나무와 동종. 가을철 붉은 열매가 맺히면 채집하여 보존하였다가, 이듬해 3월경 심는다. 접목은 2~3월, 실생묘에 접붙인다.

- **모란(미나리아재비과/낙엽관목)** : 중국 원산. 화목으로 인기가 있다. 개화기는 4~5월이며, 접목은 8~9월이 적기이다. 대목은 모란의 실생묘나 작약을 사용한다. 깎기접 후 화분에 옮겨 심고 밝은 날 그늘에 둔다.

- **물레나물(물레나물과/낙엽소관목)** : 별명 고추나물, 금사매. 7월경, 노란색 꽃이 핀다. 분주로 번식하는 것이 일반적이다. 새싹이 돋아나기 전인 2~3월에, 2~3포기씩 나눈다. 작업 전에 전체 가지치기를 해도 좋다.

- **삼지닥나무(팥꽃나무과/낙엽관목)** : 3~4월에, 가지 끝에 연노란색 작은 꽃이 무리지어 핀다. 달콤한 향이 있다. 삽목이나 실생으로 번식한다. 삽목은 2~3월이나 6~8월에 한다. 6월경에 종자를 채집하여 이듬해 3월에 심는다.

- **안개나무(옻나무과/낙엽활엽소교목)** : 별명 연기나무. 초여름에 작은 꽃이 피지만, 꽃이 진 후 새털 모양의 꽃대가 연기처럼 보인다. 실생이나 취목으로 번식한다.

- **올리브나무(물푸레나무과/상록활엽소교목)** : 온난한 지역에서 잘 자라지만, 최근에는 수한성 올리브나무도 시판되고 있다. 삽목은 2~3월과 6~8월이 적기이다. 접목의 대목은 실생으로 키운다.

- **자귀나무(콩과/낙엽교목)** : 아침에 잎이 열리고 저녁에 닫힌다. 6~8월에 연분홍빛 꽃이 핀다. 실생은 10~11월에 익은 꼬투리에서 종자를 채취하여 이듬해 3월경 심는다. 취목으로도 번식시킬 수 있다.

- **조팝나무(장미과/낙엽관목)** : 4월경, 가지에 작고 흰 꽃이 빽빽하게 피어난다. 분주는 낙엽기인 11~2월에 하며, 3~4순을 1포기로 하여 햇볕이 잘 드는 곳에 심는다. 삽목은 2~3월과 6~8월에 한다.

- **졸참나무(참나무과/낙엽교목)** : 잡목림의 대표적인 수목. 높이 자라기 때문에 장소를 잘 고려하여 심는다. 가을에 붉은 잎으로 변한다. 10월에 종자를 채집하여 바로 심는 것이 좋다.

- **참빗살나무(노박덩굴과/낙엽관목)** : 별명 산화살나무. 5~6월에 꽃이 피고, 10~11월에 붉은 열매를 맺는다. 삽목, 취목, 실생 등으로 번식한다. 실생은 채집하여 바로 심거나 이듬해 3월경에 심으면 좋다.

- **채진목(장미과/낙엽교목)** : 별명 시데자쿠라[四手桜]. 4~5월에, 가지 끝에 희고 작은 꽃이 무리지어 핀다. 삽목으로 번식하며, 적기는 2~3월이다. 지난해 자란 충실한 가지를 8~10cm 길이로 잘라 꽂는다.

- **칼미아(진달래과/상록활엽관목)** : 별명 미국석남. 5~6월에 개화한다. 꽃은 흰색이나 분홍색이며 접목 또는 취목으로 번식한다. 실생으로도 키울 수 있지만, 원예품종은 모식물과 형질이 다른 개체가 나올 가능성이 높다.

- **황매화나무(장미과/낙엽관목)** : 봄이 되면 노란색의 홑겹 또는 겹꽃잎의 꽃이 핀다. 분주로 번식한다. 11월부터 이듬해 2월까지 낙엽기 중 새싹이 돋아나기 전에 한다.

정원수(낙엽수)

정원수(상록수)

과 수

관엽식물

윌마

학 명	*Cupressus macrocarpa*
영어명	Wilma
일본명	コニファー類, 主にゴールドクレスト, ローソンヒノキなど
과 명	측백나무과
다른 이름	율마, 골드크레스트

높이 1~20m까지 자라는 상록관목 또는 교목인 침엽수는 노송나무과, 소나무과, 주목과 등 바늘잎을 가진 나무의 총칭이다. 화단이나 화분에 심으면 좋다. 윌마는 라임그린색의 원추형 잎이 북유럽 분위기를 자아내며, 청록색 블루헤븐도 인기가 높다.

관리일정	1월	2월	3월	4월	5월	6월	7월	8월	9월	10월	11월	12월
상태						상록						
전정		전정				전정						전정
번식				취목		삽목 · 취목						
비료		시비								시비		
병해충					특별히 없음							

"무더위로 시든 가지와 잎을 취목으로 재생한다."

월마, 황금측백 등의 측백나무과는 삽목과 취목이 가능하다. 독일가문비나무는 실생이나 접목으로 번식한다. 삽목은 6~8월에 하는데, 그해 봄에 뻗어나간 원기 있는 가지를 선택하여 8~10cm 길이로 자르고, 위쪽 잎을 조금 남기고 아래쪽 잎은 떼어낸다. 물을 준 뒤, 녹소토에 꽂는다. 취목은 4~8월에 한다. 통풍이 좋지 않으면 무르기 쉽고 가지와 잎이 시드는데, 이때 취목으로 재생시켜주면 좋다.

삽목
꺾꽂이
★ ★ ★

잎을 아래로 당기면 껍질이 벗겨진다.

1 삽수 만들기
충실한 가지를 8~10cm 길이로 자른다. 왼손으로 삽수를 누른 채 오른손으로 잎의 기부를 잡고, 위로 당기듯이 하여 아래쪽 잎을 떼어낸다.

2 삽수의 절단면
45도 각도로 자르고 반대면도 겉껍질을 얇게 깎아낸다.

3 여러 종류의 침엽수
동일한 방법으로, 다른 종류의 침엽수를 이용하여 삽수를 만든다.

1~2시간

4 물주기
삽수를 1~2시간 동안 물에 담가 충분히 물을 흡수하게 한다.

녹소토

5 삽수 꽂기
넓은 화분에 녹소토를 채워 넣고 평편하게 고른 뒤 삽수를 꽂는다. 줄기가 가늘어 꽂기 어려울 때는 가는 막대 등으로 구멍을 뚫고 꽂으면 된다.

6 발근
머지않아 새싹이 돋아나고 뿌리가 내린다. 녹소토에 심은 것은 뿌리가 하얗게 된다. 이 정도로 자라면 화분갈이를 한다.

취목
휘묻이
★ ★ ★

1 취목이 필요한 나무
취목은 아래쪽 잎이 시들었을 때 재생시키는 역할을 한다. 전체 가지 형태를 보면서 가능한 한 곧게 자라 취목하기 쉬운 부분을 사용한다.

3 위치 확인
아래쪽 잎이 시든 침엽수를 화분에서부터 약 50cm 높이에서 취목해 재생시킨다.

4 비닐 씌우기
비닐을 준비하고 아래쪽을 끈으로 고정한다.

둘레를 3~4군데 깎아낸다.

2 겉껍질 깎아내기
취목 위치를 정하면 칼로 깎아내어 목질부를 드러낸다. 줄기 둘레를 3~4군데 깎아낸다.

물이끼

5 물이끼로 감싸기
물에 적셔둔 물이끼를 ❷의 부분에 감싼다. 비닐로 덮고, 물이끼가 분리되지 않도록 끈으로 묶는다.

인도고무나무

학 명	*Ficus elastica* Roxb. ex Hornem.
영어명	India Rubber Tree, Rubber plant, Assam Rubber
일본명	インドゴムノキ
과 명	뽕나무과

그린인테리어의 대표격이다. 높이 1~30m까지 자라는 상록교목으로 두껍고 광택 있는 큰 잎은 신선하며 존재감을 드러낸다. 생장이 빠른 홍적색의 새싹도 아름답다. 녹홍색 무늬가 있는 데콜라·배리에가타, 암홍색 잎의 버간디 등 품종이 매우 다양하다.

관리일정	1월	2월	3월	4월	5월	6월	7월	8월	9월	10월	11월	12월
상태						상록						
전정						전정						
번식					삽목·취목							
비료						시비						
병해충					방제							

"생육이 좋으므로 시기만 괜찮으면 삽목, 취목 모두 쉽게 할 수 있다."

수목의 생장기로 활력이 넘치는 4~8월이 삽목, 취목의 적기이다. 취목은 줄기 둘레 겉껍질을 2~3cm 폭의 고리 모양으로 벗겨낸다(환상박피). 칼집을 넣은 비닐포트로 줄기를 감싸고, 스테이플러로 고정한다. 안에 적옥토를 넣고, 가끔 물을 주며 뿌리가 내리기를 기다린다.

삽목은 잎이 1장씩 달려 있도록 10cm 길이로 자르고, 적옥토에 심는다. 절단면에서 흰 수액이 나오므로 닦아가면서 작업한다.

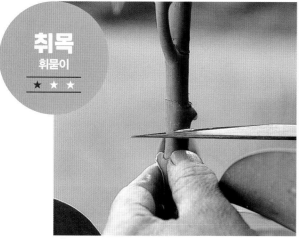

취목
휘묻이
★ ★ ★

1 위치 정하기
취목할 위치를 정하고, 두 군데에 2~3cm 폭으로 둥글게 칼집을 낸다.

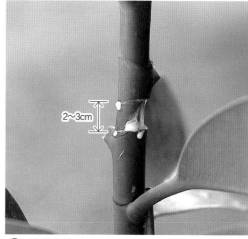

2~3cm

2 겉껍질 벗기기
칼을 세로로 하여 잘린 부분에 넣고 겉껍질을 목질부까지 조심스럽게 벗겨낸다. 흰 수액은 닦아가며 작업한다.

3 환상박피
목질부가 드러나면 완성이다. 사진과 같이 줄기 둘레의 겉껍질을 고리 모양으로 벗겨내는 것을 환상박피라고 한다.

4 비닐포트로 감싸기
비닐포트를 자르고 화분 구멍으로 줄기가 지나가도록 하여, 잘린 부분을 스테이플러로 고정한다. 구멍을 틀어막듯이 감싸는 것이 요령이다.

적옥토

5 흙 채워 넣기
적옥토를 충분히 넣어준다. 비닐포트가 불안하게 느껴지면 끈으로 고정한다.

6 물주기
비닐포트 바닥으로 물이 흘러나올 만큼 물을 충분히 준다.

7 가지 자르기
약 3개월 후, 뿌리가 내린 것을 확인하면 비닐포트 아래에서 가지를 자른다.

8 발근
비닐포트를 제거하면 환상박피한 위치에서 뿌리가 무성하게 자란 것을 알 수 있다.

9 화분갈이
아래쪽 잎을 여러 장 따내고, 적당한 크기의 화분을 준비하여 적옥토에 심는다.

적옥토

10 취목의 완성
작업이 끝나면 충분히 물을 주고 취목을 완성한다.

삽목
꺾꽂이
★ ★ ★

잎의 1/4을 남긴다.

8~10cm

1 삽수 만들기
건강한 가지를 골라 8~10cm 길이로 반듯하게 자른다. 절단면에서 흰 수액이 나오므로 잘 닦아낸다. 잎은 1/4만 남긴다.

적옥토

2 삽수 꽂기
넓은 화분에 적옥토를 넣어 평편하게 고른 뒤, 삽수를 균일하게 꽂는다. 물을 충분히 주고, 밝은 날 그늘에서 관리한다.

제라늄

학 명	*Pelargonium inquinans* Aiton
영어명	Geranium
일본명	ゼラニウム
과 명	쥐손이풀과
다른 이름	제라니움, 양아욱

높이 0.3~1m까지 자라는 반관목으로, 무늬가 있는 잎이나 단풍잎 등이 있으며, 예로부터 관상식물로 친숙하다. 요즘은 초여름에 피는 꽃이 많은 사랑을 받고 있다. 꽃은 흰색, 붉은색, 연홍색 등이 있다. 저성(這性, 붙어서 뻗어나가는 성질)의 아이비제라늄, 잎에서 향이 나는 센티드제라늄 등 품종이 다양하다.

관리일정	1월	2월	3월	4월	5월	6월	7월	8월	9월	10월	11월	12월
상태				꽃								
전정					전정							
번식						삽목						
비료				시비					시비			
병해충					방제							

"새싹이 잘 돋아나므로 전정할 때 삽수로 사용할 수 있도록 자르면 좋다. 어린 묘목을 키워 모아심기에 도전할 수도 있다."

6~8월이 삽목의 적기이다. 그해 새로 자란 줄기 끝에서 5~10cm 길이로 삽수를 잘라, 위쪽 잎을 1~2장 남기고 아래쪽 잎을 제거한다. 잘 드는 칼로 절단면을 정리하고, 30분~1시간 동안 물에 담가 물을 흡수하도록 한다. 상토는 6호의 넓은 화분이나 삽목용 상자를 이용한다. 바닥에 자갈을 깔고 녹소토를 넣어준다. 절단면이 상하기 쉬우므로 미리 가는 막대로 삽입 구멍을 뚫은 후, 삽수를 반 정도 깊이로 꽂는다. 너무 깊이 꽂으면 뿌리가 썩을 우려가 있으므로 주의한다. 부분 차광하고 잎에 물을 주며 관리한다. 대략 2주가 지나면 뿌리가 내린다. 뿌리가 내린 후에는 점차 햇빛에 내놓는 시간을 늘리고, 1~2개월 정도 지나면 옮겨 심는다. 3호 포트를 준비하고, 용토는 적옥토(소립)와 부엽토의 7:3 혼합토를 사용한다. 많은 묘목을 키워 모아심기를 하거나 트렐리스를 만들어도 좋다. 아이비 등의 덩굴성 식물이나 계절 화초와 조합해보자.

삽목
꺾꽂이
★ ★ ★

1 가지 자르기
6~7월에 한다. 햇볕이 잘 드는 곳에서 자란 원기 있는 가지를 사용한다. 포기가 크면 잘라낸 가지를 사용해도 좋다.

2 아래쪽 잎 따내기
잎은 1~2장만 남기고 아래쪽 잎을 따낸다. 남긴 잎 가운데 큰 잎은 반으로 자른다.

3 삽수 만들기
8~10cm 길이로 맞추고, 가위로 자른다. 가능한
한 절단면을 반듯하게 자른다.

8~10cm

4 삽수의 완성
길이와 절단면을 정리하여 삽수를 완성한다. 물
을 담은 용기에 30분~1시간 동안 담가 물을 흡
수하게 한다.

녹소토

5 삽수 꽂기
넓은 화분에 녹소토를 넣고, 삽수를 1/2 정도 깊
이로 꽂는다. 물을 충분히 준다.

삽목으로 번식시켜 개성대로 배열해보자

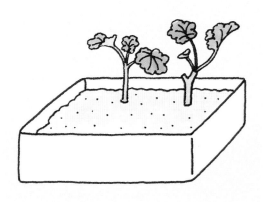

1 상토에 꽂기
절단면을 칼로 반듯하게 자르고 물에 담가 충분히 물을
흡수하게 한다. 육묘상자에 녹소토나 적옥토를 채워 넣
고 평편하게 고른 뒤 삽수를 꽂는다. 작업이 끝나면 물을
주고 뿌리가 내릴 때까지 그늘에서 관리한다.

2 크게 자라면 화분갈이
뿌리가 내리고 묘목이 자라면, 3호 화분으로 화분갈이를
한다. 많은 묘목을 키워 모아심기를 해도 좋다.

3 아이비와 모아심기
테라코타 소탄 화분에 제라늄 2～3포기와 아이비를 조합
하여 심으면 멋진 분위기를 자아낸다. 계절 꽃을 더해도
좋다.

4 전정하여 삽수 만들기
기세 좋은 줄기나 길게 뻗어나간 줄기를 8～10cm 길이
로 잘라 삽수로 만들어도 좋다.

하와이무궁화

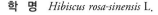

학 명	*Hibiscus rosa-sinensis* L.
영어명	Hibiscus Chinese, Hibiscus Hawaiian, Chinese hibiscus, Hawaiian hibiscus, Rose-of-china, China rose, Shoe black
일본명	ハイビスカス
과 명	아욱과
다른 이름	불상화, 히비스커스

높이 2~3m까지 자라는 상록관목으로 원종부터 개량품종까지 여러 계통이 있으며, 꽃의 지름이 커서 남국의 분위기를 자아낸다. 꽃은 한여름 내리쬐는 태양 아래 반짝이듯이 피어난다. 흰색, 홍색, 자홍색, 적색, 등색, 황색 등 빛깔이 다양할 뿐만 아니라, 꽃송이가 크거나 겹꽃잎, 아래로 처진 꽃 등으로 형태도 다채롭다. 하와이주의 주화(州花)이다.

관리일정	1월	2월	3월	4월	5월	6월	7월	8월	9월	10월	11월	12월
상태							꽃					
전정						전정						
번식					삽목							
비료						시비						
병해충						방제						

"열대성 식물은 작업 후에도 고온을 유지하는 것이 중요하다. 삽수의 절단면에서 흘러나온 수액은 잘 씻어낸 후 상토에 꽂는다."

4~9월이 삽목의 적기이다. 충실한 가지를 8~10cm 길이로 자르고, 위쪽 잎 몇 장만 남기고 아래쪽 잎은 따낸다. 천아(天牙)는 너무 부드러워 삽목에 적당하지 않다. 절단면에서 나온 수액을 물로 씻어낸 후, 1~2시간 동안 물에 담가두어 물을 흡수하게 한다. 6호의 넓은 화분을 준비하여 바닥에 자갈을 깔고, 녹소토나 적옥토를 채워 넣는다. 삽수를 반 정도 깊이로 꽂고, 손가락으로 주위를 가볍게 눌러 안정하게 한다. 근접할 때까지 1개월간 부분 차광하여 관리한다. 새싹이 4~5개 자라면 화분갈이를 한다. 5호 화분을 준비하고 적옥토(소립)와 부엽토의 6:4 혼합토에 묘목을 심는다. 옮겨 심은 후에는 2~3일간 부분 차광하여 두고, 이후 햇볕에 둔다. 생장에 맞추어 점차 큰 화분으로 옮겨 심는다. 처음부터 큰 화분에 심는 것이 아니라, 조금씩 화분을 키워가면 뿌리가 잘 자란다. 화분갈이 1개월 후에는 본잎을 4~5장 남기고 떼어내며, 겉순이 뻗어나가게 키워 볼륨 있는 포기로 만든다.

삽목
꺾꽂이
★ ★ ★

8~10cm

2 가지 잘라내기
8~10cm 길이로 자르고, 잎을 위쪽 1~2장만 남기고 아래쪽 잎은 따낸다. 큰 잎은 반으로 자른다.

겉으로 충실해 보여도 손으로 휘었을 때 이렇게 구부러지는 가지는 아직 어린 가지이거나 그늘에서 자란 가지로, 삽목으로 만들기에 적합하지 않다.

1 가지 자르기
5~8월이 적기이다. 햇볕이 잘 드는 곳에서 자란 충실한 가지를 사용한다. 천아는 너무 부드러워 부적합하다.

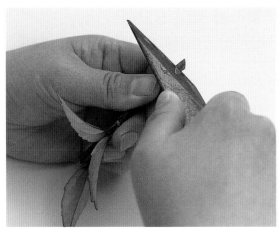

3 삽수의 절단면

잘 드는 칼로 삽수의 절단면을 45도 각도로 반듯하게 자른다.

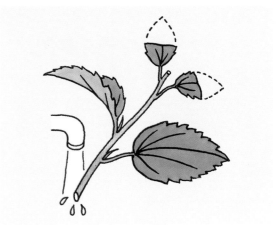

4 잎을 따내고 절단면 씻어내기

절단면에서는 하얀 수액이 나오기 때문에 물로 잘 씻어준다.

5 삽수의 완성

길이를 맞추고 절단면을 정돈하여 삽수를 완성한다. 길이를 맞추어두면 이후 관리하기 쉽다.

1~2시간

6 물주기

물을 담은 용기에 1~2시간 동안 담가 물을 흡수하게 한다.

녹소토

7 삽수 꽂기
화분에 녹소토를 채워 넣고 평편하게 고른 후, 삽수를 1/2 정도 깊이로 균일하게 꽂는다. 작업이 끝나면 물을 충분히 준다.

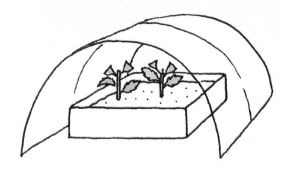

8 밝은 날 그늘에서 관리
밝은 날 그늘에서 관리한다. 한랭사 등으로 차광하고, 부드러운 환경을 만들어준다.

9 가끔 잎에 물주기
건조하지 않도록 가끔 잎에 물을 주는 것이 좋다.

10 화분갈이
뿌리가 내리면 5호 화분에 옮겨 심는다.

학자스민

학 명	*Jasminum polyanthum* Franch.
영어명	Pink Jasmine, Chinese Evergreen Jasmine
일본명	ジャスミン
과 명	물푸레나무과
다른 이름	덩굴자스민, 핑크자스민, 커튼자스민

높이 2~3m까지 자라는 상록 덩굴식물로, 이른 봄 붉은빛을 띤 흰 꽃이 달콤한 향을 풍긴다. 일반적으로 자스민이라고 하면 학자스민을 이르지만, 향이 좋은 꽃을 통틀어 이르기도 한다. 하얀 꽃이 피는 마다가스카르자스민은 박주가리과이며, 노란 꽃이 피는 캐롤라이나자스민은 부들레야과이다.

관리일정	1월	2월	3월	4월	5월	6월	7월	8월	9월	10월	11월	12월
상태		꽃										
전정					전정							
번식							삽목					
비료				시비					시비			
병해충					방제							

"삽목으로 작은 묘목을 번식시키면 여러 가지 형태로 만들 수 있다.
20일 정도 발근을 기다리며 건조하지 않도록 관리한다."

삽목은 6~8월에 한다. 삽수로는 봄에 자란 충실한 새 가지를 골라, 8~10cm 길이로 잘라 나눈다. 위쪽 잎 1~2장만 남기고 아래쪽 잎을 따낸다. 절단면에서 나오는 흰 수액은 물로 잘 씻어낸다. 물을 담은 용기에 30분~1시간 동안 담가 물을 흡수하게 하고, 녹소토나 적옥토에 반 정도 깊이로 꽂는다. 작업이 끝나면 물을 충분히 주고, 부분 차광하며 관리한다. 순조롭게 자라면 대략 20일 후 뿌리를 내리므로, 묘목을 파내어 3호 포트에 옮겨 심는다. 용토는 적옥토와 부엽토의 7:3 혼합토를 사용한다. 점차 햇볕에 내놓는 시간을 늘려나간다. 덩굴이 뻗어나가면 지지대를 세워 유인한다. 둥근 지지대를 사용하여 사방등을 만드는 것이 일반적이지만, 부채꼴 모양의 격자 울이나 시든 가지를 솎아내고 수작업으로 만든 지지대로 덩굴을 인도해가는 것도 개성적이다. 생장에 맞추어 큰 화분으로 옮겨 심는다.

삽목
꺾꽂이
★ ★ ★

1 가지 자르기
6~7월이 적기이다. 삽수로 할 가지를 자른다. 햇볕이 잘 드는 곳에서 자란 기세 좋은 새 가지를 사용한다.

2 삽수 만들기
잘 드는 가위를 이용하여 8~10cm 길이로 자르고, 잎은 1~2장 남기고 아래쪽 잎을 따낸다. 또한 큰 잎은 반으로 자른다.

녹소토

3 삽수의 완성
길이를 맞추고, 절단면을 정돈하여 삽수를 완성한다. 30분
~1시간 동안 물에 담가둔다.

4 삽수 꽂기
넓은 화분에 녹소토를 넣어 평편하게 고른 후, 삽수를 1/2 정
도 깊이로 균일하게 꽂는다.

 삽목으로 번식시켜 다양하게 만들며 즐기기

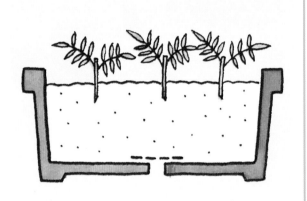

1 삽수 만들기
기세 좋고 건강한 가지를 골라, 8~10cm 길이로 잘
라 삽수를 만든다. 부드러운 선단은 부적합하다.

2 상토에 꽂기
절단면을 예각으로 자르고, 30분~1시간 동안 물에 담가 물을
충분히 흡수하게 한 후 녹소토나 적옥토에 꽂는다.

3 화분갈이로 묘목 키우기
뿌리가 내리면 3호 화분에 옮겨 심고 키운다. 많이 번식시켜 다양한 모양을 만든다.

4 울타리 만들기, 토피어리 만들기
큰 컨테이너에 옮겨 심고, 울타리를 세워 덩굴을 유인한다. 큰 화분에 2~3포기를 심고, 와이어를 하트 모양으로 만들어 지지대를 세워, 덩굴을 양쪽에서 휘감도록 하여 하트 모양의 토피어리로 만들어도 좋다.

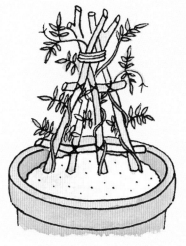

5 가지 솎아내고 지지대 세우기
멋진 화분에 자스민을 심고 시든 가지는 솎아낸 후, 손수 지지대를 세워 덩굴을 인도해도 좋다.

행운목

학 명	*Dracaena fragrans* (L.) Ker Gawl.
영어명	Corn Plant
일본명	ドラセナ
과 명	백합과
다른 이름	드라세나

행운나무라는 이름으로 시판되는 수목은 행운목(*Dracaena fragrans*)이다. 높이 1~6m까지 자라는 상록관목으로 건강하고 잘 자라며 품종이 매우 다양하다. 초록 잎에 유백색 별무늬가 들어 있는 고드세피아나, 희고 노란 줄무늬가 있는 콘신나 등이 있으며, 흰 꽃이 피는 종류도 있다.

관리일정	1월	2월	3월	4월	5월	6월	7월	8월	9월	10월	11월	12월
상태						상록						
전정						전정						
번식					삽목 · 취목							
비료							시비					
병해충					방제							

"천아삽목과 관삽목으로 손쉽게 번식시킨다.
취목은 환상박피하여 물이끼로 감싼다."

삽목이나 취목 모두 4~8월의 생육기에 하는 것이 좋다. 삽목 방법으로는 천아삽목과 관삽목이 있다. 천아삽목은 선단의 4~5마디를 제거하고, 관삽목은 잎이 없는 줄기를 5~8cm 길이로 잘라 각각 녹소토에 심는다.

취목은 줄기 둘레 겉껍질을 2cm 폭으로 둥글게 벗기고(환상박피), 물이끼로 감싸 비닐을 씌운다. 뿌리가 내리면 모식물에서 분리하고, 비닐과 물이끼를 제거하여 포기에 알맞은 크기의 화분에 옮겨 심는다.

삽목
꺾꽂이
★ ★ ★

1 가지 자르기
기세 좋은 건강한 가지를 사용한다. 선단을 사용하는 천아삽목, 잎이 없는 줄기를 사용하는 관삽목이 있다.

2 삽수 만들기
칼을 이용하여 8~10cm 길이로 반듯하게 자르고, 잎을 2장 정도 남기고 아래쪽 잎은 따낸다. 큰 잎은 반으로 잘라준다.

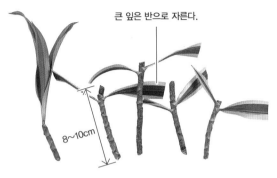

큰 잎은 반으로 자른다.

8~10cm

녹소토

3 삽수의 완성
삽수는 30분~1시간 동안 물에 담가 물을 흡수하게 한다.

4 삽수 꽂기
넓은 화분에 녹소토를 채워 넣고 평편하게 고른 뒤, 삽수를 1/2 정도 깊이로 균일하게 심는다. 작업이 끝나면 물을 충분히 주고 그늘에서 관리한다. 1~2개월이 지나면 뿌리가 내린다.

취목
휘묻이
★ ★ ★

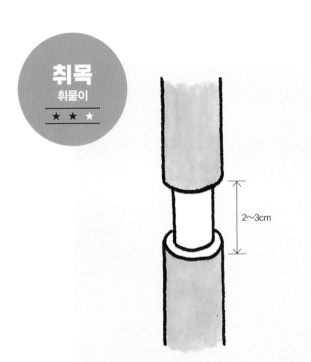

2~3cm

물이끼

1 취목할 위치를 환상박피
곧게 자란 건강한 줄기를 선택하면 좋다. 취목할 위치를 정하면, 2~3cm 폭으로 둥글게 칼집을 내어 겉껍질을 벗겨낸다.

2 물이끼로 감싸고 비닐 덮기
물에 적셔둔 물이끼로 절단면을 감싸고, 위에서 비닐을 씌워 끈으로 단단하게 고정한다.

자른다.

3 수분 보충
건조하지 않도록 가끔 물을 준다. 위쪽 끈을 느슨히 하여
물을 보충해주면 좋다.

4 발근하면 뿌리 쪽에서 자르기
발근하면 취목한 부분 아래에서 자른다.

5 화분갈이
비닐을 벗기고 물이끼를 조심스럽게 제거한 후,
포기의 크기에 맞는 화분에 심는다.

찾아보기 (식물명)

찾아보기 (번식방법별)